高 等 学 校 实 验 教 材

高等学校"十三五"规划教材

化工原理实验

HUAGONG YUANLI SHIYAN

张继国　程　倩　编

化学工业出版社

·北京·

《化工原理实验》内容主要包括：化工原理实验基础知识，化工自动化及常用仪表基础知识，管道、管件、阀门和流体输送装置简介，实验常用仪器操作，化工原理基础实验和计算机数据处理及应用，共6章。其中第5章化工原理基础实验主要围绕雷诺、伯努利方程、离心泵串并联、板式塔流体力学性能和填料塔流体力学性能5个演示实验，流体流动综合实验、离心泵与管路特性曲线测定实验、恒压过滤实验、传热综合实验、连续精馏实验、填料吸收实验、干燥实验、液液萃取实验和膜分离实验9个基本实验展开；每个实验包括实验目的、实验原理、实验装置与流程、实验步骤、实验注意事项、数据的记录和处理方法等。此外书后附有3个附录，列出常用物性数据表以供处理数据。

本书可作为高等院校化工、化学、材料、林业、轻工、环境等专业的实验教材，也可供相关专业的研究人员参考。

图书在版编目（CIP）数据

化工原理实验/张继国，程倩编 . —北京：化学工业出版
社，2019.10
高等学校实验教材 高等学校"十三五"规划教材
ISBN 978-7-122-35016-9

Ⅰ.①化… Ⅱ.①张…②程… Ⅲ.①化工原理-实验-高
等学校-教材 Ⅳ.①TQ02-33

中国版本图书馆 CIP 数据核字（2019）第 162550 号

责任编辑：马　波　闫　敏　杨　菁　　　　　文字编辑：孙凤英
责任校对：宋　玮　　　　　　　　　　　　　装帧设计：张　辉

出版发行：化学工业出版社（北京市东城区青年湖南街 13 号　邮政编码 100011）
印　　刷：三河市航远印刷有限公司
装　　订：三河市宇新装订厂
787mm×1092mm　1/16　印张 10　字数 253 千字　2019 年 10 月北京第 1 版第 1 次印刷

购书咨询：010-64518888　　　　　　售后服务：010-64518899
网　　址：http://www.cip.com.cn
凡购买本书，如有缺损质量问题，本社销售中心负责调换。

定　　价：32.00 元

前言

  化工原理实验是配合化工原理课堂理论教学设置的实验课，是教学中的实践环节。该课程亦不同于基础课实验，具有典型的工程实际特点。实验都是按各单元操作原理设置的，其工艺流程、操作条件和参数变量，都比较接近于工业应用。研究问题的方法是用工程的观点去分析、观察和处理问题。实验结果可以直接用于或指导工程计算和设计。学习、掌握化工原理实验及其研究方法，是学生从理论学习到工程应用的一个重要实践过程。针对教学工作的需要并结合信息时代的发展需要，我们编写了这本《化工原理实验》，其主要特点如下：

  1. 配合实践教学与实验所需，本书以实验基础知识为主线，详细介绍了实验过程中所需的研究方法、操作安全规程、数据记录方法等知识，以培养学生的多种能力和素质。

  2. 引入化工自动化及常用仪表基础知识，借助综合实训环节，更好地培养学生的工程意识和理念，提高学生在工程实践中分析问题和解决问题的能力。

  3. 实验内容紧扣教学培养目标，主要分演示实验和基本实验环节，其中基本实验环节里又涉及综合型设计实验，学生可根据实际需要选做，演示实验主要结合化工原理的基本知识设计，强化学生的理论知识，培养学生的创新能力。

  4. 书中还设置了计算机数据处理及应用的内容，以适应现代化技术的要求，培养学生使用计算机软件对实验数据进行处理和物性分析的能力，进而提高学生在实验中应用计算机的能力。

  5. 内容简明扼要，理论层次分明，针对性和通用性比较强。

  本书以培养学生在实验过程中的工程实践意识为目标，力求提高学生分析问题和解决问题的能力，同时增强学生的归纳总结能力。本书内容主要包括：化工原理实验基础知识，化工自动化及常用仪表基础知识，管道、管件、阀门和流体输送装置简介，实验常用仪器操作，化工原理基础实验和计算机数据处理及应用。

  本书第 2 章，第 3 章，第 5 章的 5.1～5.3、5.6～5.9，第 6 章的 6.3、6.4，附录由张继国编写；第 1 章，第 4 章，第 5 章的 5.4、5.5、5.10～5.14，第 6 章的 6.1、6.2 由程倩编写。

  由于时间仓促，作者水平有限，文中不妥之处，恳请指正。

编者

目 录

1 化工原理实验基础知识 ……………………………………………………… 1
  1.1 教学目标与要求 ……………………………………………………… 1
  1.2 实验研究方法 ………………………………………………………… 4
  1.3 实验操作规程与安全 ………………………………………………… 6
  1.4 实验数据记录及误差分析 …………………………………………… 10
  1.5 实验数据的处理方法 ………………………………………………… 16

2 化工自动化及常用仪表基础知识 ………………………………………… 26
  2.1 检测仪表 ……………………………………………………………… 26
  2.2 显示仪表 ……………………………………………………………… 38
  2.3 自动控制仪表 ………………………………………………………… 41
  2.4 执行器 ………………………………………………………………… 41
  2.5 简单控制系统 ………………………………………………………… 43

3 管道、管件、阀门和流体输送装置简介 ………………………………… 44
  3.1 管道 …………………………………………………………………… 44
  3.2 管件 …………………………………………………………………… 45
  3.3 阀门 …………………………………………………………………… 47
  3.4 流体输送装置 ………………………………………………………… 49

4 实验常用仪器操作 ………………………………………………………… 51
  4.1 液体比重天平 ………………………………………………………… 51
  4.2 电子天平 ……………………………………………………………… 52
  4.3 阿贝折光仪 …………………………………………………………… 54
  4.4 变频器 ………………………………………………………………… 57
  4.5 显示以及控制仪表设置 ……………………………………………… 59
  4.6 紫外-可见分光光度计 ……………………………………………… 59

5 化工原理基础实验 ………………………………………………………… 62
  5.1 雷诺演示实验 ………………………………………………………… 62

5.2　伯努利方程演示实验 ·· 66

5.3　离心泵串、并联演示实验 ·· 70

5.4　板式塔流体力学性能演示实验 ···································· 72

5.5　填料塔流体力学性能演示实验 ···································· 74

5.6　流体流动综合实验 ·· 77

5.7　离心泵与管路特性曲线测定实验 ·································· 82

5.8　恒压过滤实验 ·· 85

5.9　传热综合实验 ·· 89

5.10　连续精馏实验 ··· 94

5.11　填料吸收实验 ·· 100

5.12　干燥实验 ·· 105

5.13　液液萃取实验 ·· 110

5.14　膜分离实验 ·· 116

6　计算机数据处理及应用 ·· 121

6.1　用 Excel 处理实验数据 ··· 121

6.2　用 Origin 软件处理实验数据 ···································· 131

6.3　用 1stOpt 处理实验数据 ·· 141

6.4　用 Aspen Plus 处理实验数据 ···································· 146

附录 ··· 151

附录 1　水的物理性质 ··· 151

附录 2　干空气的物理性质 ··· 152

附录 3　苯甲酸-煤油-水物系萃取实验分配曲线数据 ···················· 152

参考文献 ··· 154

1 化工原理实验基础知识

1.1 教学目标与要求

化工原理实验是一门以化工单元操作过程原理和设备为主要内容、以处理工程问题的实验研究方法为特色的工程实践课程。该课程是化工原理课程教学中的一个重要实践环节，与一般的化学实验相比，其不同之处在于它具有典型的工程实践特点，属于工程实验范畴，实验都是按各单元操作原理设置的，其工艺流程、操作条件和参数变量都比较接近于工业应用。此外，该课程研究问题的方法是用工程的观点去分析、观察和处理问题；实验结果可以直接用于或指导工程计算和设计。因此，学习和掌握化工原理的实验及其研究方法，是学生从理论学习到工程应用的一个重要实践过程。

1.1.1 教学目标

通过化工原理实验教学，力求达到以下教学目标：

① 培养学生综合应用化工原理基础知识认知化工原理实验的基本原理和实验设备的正确操作顺序。通过对实验设备的认知及对流程的熟悉，培养学生发现问题、分析问题和解决问题的能力。

② 培养学生设计实验、组织实验的能力，增强工程观念，掌握实验的研究方法；通过课堂讨论和提问等环节培养学生具有较强的语言表达能力和沟通交流能力。

③ 使学生通过实验基本操作的学习，理解和掌握化工设备及其各个仪表的基本原理、用途和正确的使用方法，并将其运用到复杂工程问题的适当表述之中。

④ 通过化工原理实验报告的书写，培养学生将所学理论知识与化工单元操作相结合，能够通过各种仪表的使用和对实验数据的正确采集，合理运用所学化工原理的经验公式对实验结果进行处理。通过对数据进行归纳，运用所学理论知识进行分析并给出合理的解释和结论，进而验证所学的理论知识。实验报告书写中实验数据的查找可培养学生撰写报告、设计文稿及共享信息的能力。

⑤ 通过实验培养学生良好的学风和工作作风，以严谨、科学、求实的精神对待科学实验与开发研究工作。

1.1.2 基本要求

① 准时进实验室，不得迟到或早退，不得无故缺课。

② 遵守课堂纪律，严肃认真地进行实验。实验室不准吸烟，不准打闹说笑或进行与实验无关的活动。

③ 对实验设备及仪器等在没弄清楚使用方法之前，不得开动。与本实验无关的设备和仪表不要乱动。

④ 爱护实验设备、仪器仪表。注意节约使用水、电、气及药品。

⑤ 保持实验现场和设备的整洁，禁止在设备、仪器和台桌等处乱写、乱画。衣物、书包不得挂在实验设备上，应放在指定的地方。

⑥ 注意安全及防火。电动机开动前，应观察电机及运转部件附近有无人员在工作。合上电闸时，应慎防触电。注意电机有无怪声和严重发热现象。精馏实验附近不准动用明火。

⑦ 实验结束后，应认真清扫现场，并将实验设备、仪器等恢复到实验前状态，经检查合格后才可以离开实验室。

总之，要严格遵守实验室的规章制度，确保人身安全及设备的完好，使实验教学正常进行。

1.1.3 实验各环节要求

化工原理实验包括课前预习、实验准备、实验操作、读数与记录和编写实验报告五个主要环节，各个环节的具体要求如下。

1.1.3.1 课前预习

① 认真阅读实验教材和网络课堂上的多媒体课件，明确实验的目的、原理及内容。

② 根据实验的内容、研究实验的方法及其理论依据，分析实验应该测得哪些数据，并根据所学理论知识预测实验数据的变化规律。

③ 认真对照网络在线课程上的实验装置，熟悉设备装置的结构和流程，仪表的种类、安装位置和使用方法。

④ 拟定实验方案，掌握实验操作步骤、操作条件和设备的启动程序；明确所测参数所用仪表、仪表盘上参数的单位及所测数据点如何分布等。

⑤ 在全面预习的基础上写出预习报告，内容包括实验目的、实验原理、装置流程图、实验步骤和注意事项，并列出需在实验室得到的全部原始数据、操作现象、观察项目的清单，并画出便于记录的原始数据表格。

1.1.3.2 实验准备

① 进入实验室后，小组成员根据自己预习报告的程度与实验室实验装置进行对照，掌握设备的流程、结构、测量仪表的原理和操作注意事项，熟悉实验操作步骤。对实验预期的结果、可能发生的故障和排除方法，作一些初步的分析和估计。

② 实验开始前，小组成员应进行适当的分工，明确要求，以便实验中协调工作。

③ 实验设备启动前需按教材进行检查，看能否正常转动，各设备、管路中的阀门是否开、闭正常；流程是否设置合理；调整设备进入启动状态，然后再进行送电、送水或蒸汽等启动操作。

1.1.3.3 实验操作

① 设备的启动与操作，应按教材说明的程序逐项进行，对压力、流量、电压等变量的调节和控制要缓慢进行，防止剧烈波动。

② 在实验过程中，应全神贯注地精心操作，详细观察所发生的各种现象，例如物料的流动状态等，这将有助于对过程的分析和理解。出现不符合规律的现象时应注意观察，并研

究和分析原因，不要轻易放过任何操作细节。

③ 操作过程中应随时观察仪表指示值的变动，随时调节，确保操作过程在稳定条件下进行。设备和仪表有异常情况时，应立刻按停车步骤，并报告指导教师，了解产生问题的原因。

④ 做完实验后，要对实验记录进行初步检查，查看实验记录的规律性，有无遗漏或记错，一经发现应及时补正。实验记录应请指导教师检查，同意后再停止实验。

⑤ 停车前应先关闭气源、水源、电源，然后切断总电源，并将各阀门恢复至实验前所处的位置（开或关）。

1.1.3.4　读数与记录

① 待设备各部分运转正常，操作稳定后才能读取数据。如何判断是否已达稳定？一般是两次测定的读数应相同或十分相近。对于稳定的操作过程，在改变操作条件后，一定要等待过程达到新的稳定状态，方可读取数据，以排除因仪表滞后导致读数不准确；对于连续的非稳态操作，要在实验前充分熟悉，并计划好记录的位置或时刻等，如过滤实验中滤液体积 V 和过滤时间 t 等。

② 同一操作条件下至少应读取两次数据，而且只有当两次读数相近时再改变操作条件。

③ 记录数据应是原始数据的直接读取，不要经过运算后再记录。例如秒表读数 1 分 38 秒，就应记为 $1'38''$，不要记为 $98''$。又如 U 形压差计两臂液柱高差，应分别读数记录，不应只读取或记录液柱的差值，或只读取一侧液柱的变化乘 2 倍。

④ 根据测量仪表的精度，正确读取有效数字，最后一位是带有读数误差的估计值，在测量时应进行估计，便于对系统进行合理的误差分析。例如 1/10℃ 分度的温度计，读数为 22.24℃ 时，其有效数字为四位，可靠值为三位。

碰到有些参数在读数的过程中波动较大时，首先要设法减少其波动，在波动不能完全消除的情况下，可取波动的最高点与最低点两个数据，然后取平均值；在波动不很大时可取一次波动的高低点之间的中间值作为估计值。

⑤ 对待实验数据应持科学态度，不要凭主观臆测修改记录数据，也不要随意舍弃数据。对可疑数据，除有明显原因，如读错、误记等情况使数据不正常可以舍弃之外，一般应在数据处理时再检查处理。

⑥ 记录数据应注意书写清楚，字迹工整。记错的数字应划掉重写，不要涂改，以免造成误差或看不清，特别要注意仪表上的计量单位，保存原始数据，以便检查核对。

1.1.3.5　编写实验报告

实验结束后应及时处理实验记录，并按实验要求认真完成报告的整理编写工作。实验报告是实验工作的总结，编写实验报告也是对学生工作能力的培养，因此要求学生独立完成。

实验报告应包括以下内容。

① 实验时间、报告人（专业和班级）、同组者姓名等。

② 实验名称。

③ 实验目的或任务。简明扼要地说明为什么要进行实验，实验要解决什么问题。

④ 实验的基本原理。简要说明实验所依据的基本原理，包括实验涉及的主要概念，实验依据的重要定律、公式及据此推算的重要结果。要求准确、充分。

⑤ 实验装置流程示意图。简要画出实验装置流程示意图，测试点的位置及主要设备、仪表的名称。标出设备、仪器仪表及调节阀等的标号，在流程图的下面写出图名及标号相对应的设备、仪表的名称。

⑥ 实验操作的主要步骤或注意事项。根据实际操作程序划分为几个步骤，并在前面加上序数词以供操作时参考；对于容易引起危险、损坏仪器仪表或设备以及一些对实验结果影响比较大的操作，应在注意事项中注明，以引起注意。

⑦ 原始记录表格。

⑧ 实验数据的整理。实验数据的整理就是把实验数据通过归纳、计算等方法整理出一定关系（或结论）的过程，包括实验数据的处理过程和实验结果的分析与讨论。数据处理过程一般以某一原始数据为例，把各项计算过程列出，以说明数据整理表中的结果是如何得到的。

⑨ 数据整理表或作图。数据整理是实验报告的重点内容之一，要求将实验数据整理、加工成图或表格的形式。数据整理应根据有效数字的运算规则进行。一般来讲，主要的中间计算值和最后计算结果列在数据整理表格中。表格要精心设计，使其容易显示数据的变化规律及各参数的相关性。为了更直观地表达变量间的相互关系，有时采用作图法，即用相对应的各组数据确定出若干坐标点，然后依点画出相关曲线。

⑩ 实验结果的分析与讨论。实验结果的分析与讨论十分重要，是实验者理论水平的具体体现，也是对实验方法和结果进行的综合分析研究。主要包含：

a. 从理论上对实验所得结果进行分析和解释，说明其必然性；

b. 对实验中的异常现象进行分析讨论，说明影响实验的主要因素；

c. 分析误差的大小和原因，并指出改进的途径；

d. 将实验结果与前人和他人的结果对比，说明结果的异同，并解释这种异同；

e. 由实验结果提出进一步的研究方向或对实验方法及装置提出改进建议等。

⑪ 思考题。对课本涉及的思考题作回答或者课上老师提出的问题作出回答。

实验报告应力求简明，分析说理清楚，文字书写工整，正确使用标点符号。图表要整齐地放在适当位置，报告要装订成册。报告应在指定时间交指导教师批阅。

1.2　实验研究方法

工程实验不同于基础课程的实验，后者采用的方法是理论的、严密的，研究的对象通常是简单的、基本的甚至是理想的，而工程实验面对的是复杂的实验问题和工程问题，对象不同，实验研究方法也不一样。工程实验的难度在于变量多、涉及的物料千变万化以及设备大小悬殊。化工原理在发展过程中形成的研究方法有直接实验法、因次分析法和数学模型法三种。

1.2.1　直接实验法

直接实验法是解决工程实际问题最基本的方法。一般是指对特定的工程问题，进行直接实验测定，所得到的结果也较为可靠，但它往往只用在条件相同的情况，具有较大的局限性。例如过滤某种物料时，已知滤浆的浓度，在某一恒压条件下，直接进行过滤实验，测定过滤时间和所得滤液量，并根据过滤时间和所得滤液量两者之间的关系，可以作出该物料在某一压力下的过滤曲线。如果滤浆浓度改变或过滤压力改变，所得过滤曲线也将随之改变。

对一个多变量影响的工程问题，为研究过程的规律，往往采用网格法规划实验，即依次固定其他变量，改变某一变量来测定目标值。例如影响流体阻力的主要因素有：管径 d、管长 l、平均流速 u、流体密度 ρ、流体黏度 μ 及管壁粗糙度 ε，变量数为 6，如果每个变量改变条件次数为 10 次，则需要做 10^6 次实验，涉及变量越多，所需实验次数将会剧增，因此实验需要在一定的理论指导下进行，以减少工作量，并使得到的结果具有一定的普遍性。

1.2.2　因次分析法

因次分析法所依据的基本理论是因次一致性原则和白金汉（Buckingham）的 π 定理。因次一致性原则是：凡是根据基本的物理规律导出的物理量方程，其中各项的因次必然相同。白金汉的 π 定理是：用因次分析所得到的独立的因次数群个数，等于变量数与基本因次数之差。

因次分析法是将多变量函数整理为简单的无因次数群的函数，然后通过实验归纳整理出算图或特征数关系式，从而大大减少实验工作量，同时也容易将实验结果应用到工程计算和设计中。

使用因次分析法时应明确因次与单位是不同的，是指物理量的种类，而单位是比较同一种类物理量大小所采用的标准，比如：力可以用牛顿、公斤、磅来表示，但单位的种类同属质量类。

因次有两类：一类是基本因次，它们是彼此独立的，不能相互导出；另一类是导出因次，由基本因次导出。例如在力学领域内基本因次有三个，通常为长度 $[L]$、时间 $[\theta]$、质量 $[M]$，其他力学物理量的因次都可以由这三个因次导出，并可写成幂指数乘积的形式。

现设某个物理量的导出因次为 Q：$[Q]=[M^a L^b \theta^c]$，式中 a、b、c 为常数。如果基本因次的指数均为零，这个物理量称为无因次数（或无因次数群），如反映流体流动状态的雷诺数就是无因次数群。

1.2.3　数学模型法

1.2.3.1　数学模型法主要步骤

数学模型法是在对研究的问题有充分认识的基础上，按以下主要步骤进行。

① 将复杂问题作合理又不过于失真的简化，提出一个近似实际过程又易于用数学方程式描述的物理模型；

② 对所得到的物理模型进行数学描述即建立数学模型，然后确定该方程的初始条件和边界条件，求解方程。

③ 通过实验对数学模型的合理性进行检验并测定模型参数。

1.2.3.2　数学模型法举例说明

以求取流体通过固定床的压降为例。固定床中颗粒间的空隙形成许多可供流体通过的细小通道，这些通道是曲折而又互相交联的，同时，这些通道的截面大小和形状又是很不规则的，流体通过如此复杂的通道时的压降自然很难进行理论计算，但我们可以用数学模型法来解决。

（1）物理模型　流体通过颗粒层的流动多呈爬流状态，单位体积床层所具有的表面积对流动阻力有决定性作用。为解决压降问题，可在保证单位体积表面积相等的前提下，将颗粒层内的实际流动过程作如下大幅度的简化，使之可以用数学方程式加以描述。

将床层中的不规则通道简化成长度为 L_e 的一组平行细管，并规定：

① 细管的全部内表面积等于床层颗粒的全部表面积；

② 细管的全部流动空间等于颗粒床层的空隙容积。

根据上述假定，可求得这些虚拟细管的当量直径 d_e。

$$d_e = \frac{4 \times 通道的截面积}{润湿周边} \tag{1-1}$$

分子、分母同乘 L_e，则有

$$d_e = \frac{4 \times 床层的流动空间}{细管的全部内表面积} \tag{1-2}$$

以 $1\mathrm{m}^3$ 床层体积为基准，则床层的流动空间为 ε，每 $1\mathrm{m}^3$ 床层的颗粒表面积即为床层比表面积 α_B，因此

$$d_e = \frac{4\varepsilon}{\alpha_B} = \frac{4\varepsilon}{\alpha(1-\varepsilon)} \tag{1-3}$$

式中 α_B——床层比表面积，$\mathrm{m^2/m^3}$；

α——颗粒的比表面积，$\mathrm{m^2/m^3}$；

ε——床层空隙率。

按此简化的物理模型，流体通过固定床的压降即可等同于流体通过一组当量直径为 d_e、长度为 L_e 的细管的压降。

（2）数学模型   上述简化的物理模型，已将流体通过具有复杂几何边界床层的压降简化为通过均匀圆管的压降。对此，可用现有的理论作如下数学描述

$$h_f = \frac{\Delta p}{\rho} = \lambda \frac{L_e}{d_e} \times \frac{u_1^2}{2} \tag{1-4}$$

式中，u_1 为流体在细管内的流速。u_1 可取实际填充床中颗粒空隙间的流速，它与空床流速（表观流速）u 的关系为

$$u = \varepsilon u_1 \tag{1-5}$$

将式(1-3)、式(1-5) 代入式(1-4) 得

$$\frac{\Delta p}{L} = \left(\lambda \frac{L_e}{8L}\right)\frac{(1-\varepsilon)\alpha}{\varepsilon^3}\rho u^2 \tag{1-6}$$

细管长度 L_e 与实际长度 L 不等，但可以认为 L_e 与实际床层高度 L 成正比，即 $\dfrac{L_e}{L}=$ 常数，并将其并入摩擦系数中，于是

$$\frac{\Delta p}{L} = \lambda' \frac{(1-\varepsilon)\alpha}{\varepsilon^3}\rho u^2 \tag{1-7}$$

式中

$$\lambda' = \frac{\lambda}{8} \times \frac{L_e}{L}$$

式(1-7) 即为流体通过固定床压降的数学模型，其中包括一个未知的待定系数 λ'。λ' 称为模型参数，就其物理意义而言，也可称为固定床的流动摩擦系数。

（3）模型的检验和模型参数的估值   上述床层的简化处理只是一种假定，其有效性必须经过实验检验，其中的模型参数 λ' 亦必须由实验测定。

1.3 实验操作规程与安全

1.3.1 实验室安全操作规范

1.3.1.1 启动前的检查

设备启动前必须进行检查。

① 泵、风机、压缩机和电机等转动设备，用手使其运转，从感觉及声响上判别有无异常；检查润滑油位是否正常。

② 设备上各阀门的开、关状态。

③ 接入设备仪表的开、关状态。

④ 拥有的安全措施，如防护罩、绝缘垫、隔热层等。

1.3.1.2　仪器仪表

① 进入实验室后，首先必须清楚总电闸、分电闸所在位置，并能正确开启。

② 使用仪器时，应注意仪表的规格，所用规格应满足实验的要求（如交流或直流电表、规格等），在使用时还要注意读数是否有连续性等。

③ 实验时不要随意接触连接处；不得随意拉拖电线；电动机、搅拌器转动时，勿使衣服、头发和手等卷入。

④ 实验结束后，应先关闭仪器，再关闭总电闸。

⑤ 电器设备维修时应停电作业。

⑥ 对使用高压电、大电流的实验，至少要有2～3人进行操作。

1.3.1.3　高压钢瓶

① 领用高压钢瓶（尤其是可燃、有毒的气体）时应先通过感官和其他方法检查有无泄漏，可用皂液（氧气瓶不可用）等方法查漏。若有泄漏不得使用。若使用中发生泄漏，应先关闭阀门，再请专业人员处理。

② 开启或关闭气阀应该缓慢进行，以保护稳压阀和仪表。操作者应侧对气体出口处，在减压阀与钢瓶接口处无泄漏的情况下，应首先打开钢瓶阀，然后调节减压阀。关气时应先关闭钢瓶阀，放净减压阀中余气，再松开减压阀。

③ 钢瓶内气体不得用尽，压力达到1.5MPa时应调换新钢瓶。

④ 搬运或存放钢瓶时，瓶顶稳压阀应带保护帽，以防碰坏阀嘴。

⑤ 钢瓶放置应稳固，勿使之受震坠地。

⑥ 禁止把钢瓶放在热源附近，应距热源80cm以外，钢瓶温度不得超过50℃。

⑦ 可燃性气体（如氢气、液化石油气等）钢瓶附近严禁明火。

1.3.1.4　化学药品

一切药品瓶上都应粘贴标签；使用化学药品后应盖好塞子并把药品放回原处；用牛角勺取固体药品或用量筒量取液体药品时，必须擦洗干净。在天平上称量固体药品时，应少取药品，并逐渐加到天平托盘上，以免浪费。特别注意以下几类化学药品的使用。

（1）腐蚀性化学药品

① 强酸对皮肤有腐蚀作用，且会损坏衣物，应特别小心。稀释硫酸时不可把水注入酸中，只能在搅拌下将浓硫酸慢慢地倒入水中。

② 量取浓酸或类似液体时，只能用量筒，不能用移液管量取。

③ 盛酸瓶用完后，应立即用水将盛酸瓶冲洗干净。

④ 若酸溅到了身体的某个部位，应用大量水冲洗。

⑤ 浓氨水及浓硝酸启盖时应特别小心，最好用布或纸覆盖后再启盖。如在炎热的夏天必须先用冷水冷却。

⑥ 氢氧化钠、氢氧化钾、碳酸钠、碳酸钾等碱性试剂的储存，不可用玻璃塞，只能用橡皮塞或软木塞。

（2）有毒化学药品

① 大多数有机化合物有毒且易燃、易爆、易挥发，所以要注意实验室的通风。

② 使用有毒的化学药品或在操作中可能产生有毒气体的实验，必须在通风橱内进行。

③ 金属汞是一种剧毒的物质，吸入蒸气会中毒。若长期吸入汞蒸气，可溶性的汞化合物会产生严重的急性中毒，故使用汞时不能把汞外溅。如在化工原理实验中，压差计中的汞不能有外溅，水银温度计使用时要小心，如若不小心外溅，要及时收集起来，实在无法收集的要用硫黄或者氯化铁溶液覆盖。

（3）危险化学品

① 易燃和易爆的化学药品应储存在远离建筑物的地方，储存室内要备有灭火装置。

② 易燃液体在实验室内只能用瓶装且不得超过 1L，否则就应当用金属容器类盛装；使用时周围不得有明火。

③ 蒸馏易燃液体时，最好不要用火直接加热，装料不得超过 2/3，加热不可太快，避免局部过热。

④ 易燃物质如乙醇、苯、甲苯、乙醚、丙酮等在实验桌上临时使用或暂时放在桌上的，都不能超过 500mL，并且应远离电炉和一切热源。

⑤ 在明火附近不得用可燃性热溶剂来清洗仪器，应用没有自燃危险的清洗剂来洗涤，或移到没有明火的地方去洗涤。

⑥ 乙醚长期存放后，常会含过氧化物，故蒸馏乙醚时不能完全蒸干，应剩余 1/5 体积的乙醚，以避免爆炸。

1.3.1.5　火灾预防

① 在火焰、电加热器或其他热源附近严禁放置易燃物，实验完毕，立即关闭所有热源。

② 灼热的物品不能直接放在实验台上。倾倒或使用易燃物时，附近不得有明火。

③ 在蒸发、蒸馏或加热回流易燃液体过程中，实验人员绝对不许擅自离开。不许用明火直接加热，应根据沸点高低分别用水浴、沙浴或油浴加热，并注意室内通风。

④ 如不慎将易燃物质倾倒在实验室台或地面上，应迅速切断附近的电炉、喷灯等加热源，并用毛巾或抹布将流出的易燃液体吸干，室内立即通风、换气。身上或手上若粘上易燃物时，应立即清洗干净，不得靠近火源。

1.3.2　环保操作规范

① 处理废液、废物时，一般要戴上防护眼镜和橡皮手套，有时要穿防毒服装。处理有刺激性和挥发性废液时，要戴上防毒面具且在通风橱内进行。

② 接触过有毒物质的器皿、滤纸等要收集后集中处理。

③ 废液应根据物质性质的不同分别集中在废液桶内，贴上标签，以便处理。在集中废液时要注意，有些废液不可以混合，如过氧化物和有机物，盐酸等挥发性酸与不挥发性酸，铵盐及挥发性胺与碱等。

④ 实验室内严禁吃食品，离开实验室前要洗手，如面部或身体被污染必须清洗。

⑤ 实验室内必须采用通风、排毒、隔离等安全环保防范措施。

1.3.3　安全事故处理

在实验操作过程中，难免发生危险事故，如火灾、触电、中毒及其他意外事故，为了及时防止事故进一步扩大，在紧急情况下，应立即采取果断有效的措施。

① 首次进入实验室，应该首先了解医疗箱的存放位置，以便出现事故时容易找到。

② 划伤。如果是玻璃仪器划伤，应先取出玻璃脆片，然后涂抹红药水并进行包扎。

③ 烧伤。如果是碰到加热仪器烫伤，切勿用水冲洗，轻伤涂抹烫伤药膏，重伤涂药膏后应立即送医院治疗。如果是被酸或者碱灼伤，应立即用大量水冲洗，然后相应地用饱和碳酸氢钠溶液或2％乙酸溶液冲洗，最后再用水冲洗。严重时要消毒，拭干后涂以烫伤油膏。

④ 酸或碱溅入眼内。酸或碱溅入眼内，应立即用大量水冲洗（每个实验室都配有洗眼装置，要求学生能熟练操作），然后相应地用1％碳酸氢钠溶液或硼酸溶液冲洗，最后再用水冲洗。

⑤ 吸入刺激性或有毒气体。吸入刺激性或有毒气体应立即到室外呼吸新鲜空气。如有昏迷休克、虚脱或呼吸机能不全者，可人工呼吸，可能时给予氧气和浓茶、咖啡。

⑥ 毒物进入口内。

a. 腐蚀性毒物。对于强酸或强碱，先饮用大量水，然后相应服用氢氧化铝膏、鸡蛋白或醋、酸果汁，再给以牛奶灌注。

b. 刺激剂及神经性毒物。先给以适量牛奶或鸡蛋白使之立即冲淡缓和，再给以15％～25％硫酸铜溶液内服，并用手指深入咽喉部促使呕吐，然后立即送往医院。

⑦ 触电。

a. 应立即拉下电闸，切断电源，使触电者脱离电源，或戴上橡皮手套，穿上胶底鞋或踏干燥木板绝缘后再将触电者从电源上拉开。

b. 强触电者移至适当地方，解开衣服，必要时进行人工呼吸及心脏按摩，并立即找医生处理。

1.3.4　化工单元的安全操作

在化工原理实验中，涉及各种化工单元操作，如流体输送、过滤、传热、蒸馏、萃取、吸收和干燥等，这些单元操作中涉及加热、蒸发、蒸馏等操作，也涉及泵、换热器、塔等设备的操作，这些单元操作因其自身的特点或操作条件的影响存在不安全因素，为保证化工单元操作过程的安全性，学生应掌握其安全操作规程。

（1）加热的安全操作　温度是化工过程中常见的控制指标之一。加热操作是提高温度的重要手段，温度过高或升温速度过快，容易损坏设备，严重的会引起反应失控，发生冲料、燃烧或爆炸，所以操作的关键是按生产规定严格地控制温度范围和升温速度。化工装置加热方法一般为蒸汽加热、热水加热、载热体加热以及电加热等。

从化工安全技术角度出发，加热过程的安全技术要点如下：

① 采用水蒸气或热水加热时，应定期检查蒸汽夹套和管道的耐压强度，并应装设压力计和安全阀，与水会发生反应的物料，不宜采用水蒸气或热水加热。

② 为了提高电感加热设备的安全可靠程度，可采用较大截面的导线，以防过负荷，采用防潮、防腐蚀、耐高温的绝缘材料，增加绝缘层厚度，增加绝缘保护层等措施。电感应线圈应密封起来，防止与可燃物接触。

③ 电加热器的电炉丝与被加热设备的器壁之间应有良好的绝缘，以防短路引起电火花，将器壁击穿，使设备内的易燃物质或漏出的气体和蒸汽发生燃烧或爆炸。在加热或烘干易燃物质或受热会发出可燃气体或蒸汽的物质时，应采用封闭式电加热器。电加热器不能安放在易燃物质附近。导线的负荷能力应能满足加热器的要求，应采用插头向插座上连接方式，工

业上用的电加热器，在任何情况下都要设置单独的电路，并安装适合的熔断器。

④ 在采用直接着火加热工艺过程时，加热炉门与加热设备间应用砖墙完全隔离，避免厂房内存在明火。加热锅内残渣应经常清除以免局部过热引起锅底破裂。

（2）蒸馏的安全操作

① 在常压蒸馏中应注意易燃液体的蒸馏热源不能采用明火，而采用水蒸气或过热水蒸气加热。蒸馏腐蚀性液体时，应防止塔壁、塔盘腐蚀，造成易燃液体或蒸汽逸出，遇明火或灼热的炉壁而产生燃烧。蒸馏自燃点很低的液体，应注意蒸馏系统的密闭，防止因高温泄漏遇空气自燃。对于高温的蒸馏系统，应防止冷却水突然漏入塔内，这将会使水迅速汽化，塔内压力突然升高而将物料冲出或发生爆炸。启动前后应将塔内和蒸汽管道的冷凝水放空，然后使用。在常压蒸馏过程中，还应注意防止管道、阀门被凝固点较高的物质凝结堵塞，导致塔内压力升高而引起爆炸。油焦和残渣应经常清除。冷凝系统的冷却水或冷冻盐水不能中断，否则未冷凝的易燃蒸气逸出使局部吸收系统温度增高，或窜出遇明火而引燃。

② 真空蒸馏（减压蒸馏）是一种比较安全的蒸馏方法。对于沸点较高、在高温下蒸馏时能引起分解、爆炸和聚合的物质，采用真空蒸馏较为合适。如硝基甲苯在高温下分解爆炸，苯乙烯在高温下易聚合，类似这类物质的蒸馏必须采用真空蒸馏的方法以降低流体的沸点，从而降低蒸馏的温度，确保安全。

1.4 实验数据记录及误差分析

实验中，由于实验方法和实验设备的不完善，周围环境的影响，以及人的观察力、测量仪器、测量方法等限制，实验观测值和真值之间总是存在一定的差异。人们常用绝对误差、相对误差或有效数字来说明一个观测值的准确度。

为了评定实验数据的精确性或误差，认清误差的来源及其影响，需要对实验的误差进行分析和讨论，由此可以判定哪些因素是影响实验精确度的主要方面，从而在以后实验中进一步改进实验方案，缩小实验观测值和真值之间的差值，提高实验的精确性。

1.4.1 误差的基本概念

测量就是用实验的方法，将被测量物理量与所选用作为标准的同类量进行比较，从而确定被测物理量的大小。

1.4.1.1 真值与平均值

真值是待测物理量客观存在的确定值，又叫理论值或定义值。严格来讲，由于测量仪器、测定方法、环境、人的观察力、测量的程序等都不可能是完善无缺的，故真值是无法测得的，是一个理想值。科学实验中真值的定义是：设在测量中观察的次数为无限多，则根据误差分布定律、正负误差出现的概率相等，故将各观测值相加，加以平均，在无系统误差情况下，可能获得极近于真值的数值。故"真值"在现实中是指观察次数无限多时，所求得的平均值（或是写入文献手册中所谓的"公认值"）。然而对工程实验而言，观察的次数都是有限的，故用有限观察次数求出的平均值，只能是近似真值，或称为最佳值。一般我们称这一最佳值为平均值。常用的平均值有下列几种。

（1）算术平均值　这种平均值最常用。凡测量值的分布服从正态分布时，用最小二乘法原理可以证明：在一组等精度的测量中，算术平均值为最佳值或最可信赖值。

$$\overline{x} = \frac{x_1 + x_2 + \cdots + x_n}{n} = \frac{\sum\limits_{i=1}^{n} x_i}{n} \tag{1-8}$$

式中，x_1、x_2、$\cdots$、x_n 为各次观测值；n 为观察的次数。

（2）均方根平均值

$$\overline{x}_{\text{均}} = \sqrt{\frac{x_1^2 + x_2^2 + \cdots + x_n^2}{n}} = \sqrt{\frac{\sum\limits_{i=1}^{n} x_i^2}{n}} \tag{1-9}$$

（3）加权平均值　设对同一物理量用不同方法去测定，或对同一物理量由不同人去测定，计算平均值时，常对比较可靠的数值予以加重平均，称为加权平均。

$$\overline{w} = \frac{w_1 x_1 + w_2 x_2 + \cdots + w_n x_n}{w_1 + w_2 + \cdots + w_n} = \frac{\sum\limits_{i=1}^{n} w_i x_i}{\sum\limits_{i=1}^{n} w_i} \tag{1-10}$$

式中，x_1、x_2、$\cdots$、x_n 为各次观测值；w_1、w_2、$\cdots$、w_n 为各观测值的对应权重。各观测值的权数一般凭经验确定。

（4）几何平均值

$$\overline{x}_g = \sqrt[n]{x_1 \cdot x_2 \cdot x_3 \cdots x_n} \tag{1-11}$$

（5）对数平均值

$$\overline{x}_n = \frac{x_1 - x_2}{\ln x_1 - \ln x_2} = \frac{x_1 - x_2}{\ln \dfrac{x_1}{x_2}} \tag{1-12}$$

以上介绍的各种平均值，目的是要从一组观测值中找出最接近真值的那个值。平均值的选择主要取决于一组观测值的分布类型。在化工原理实验研究中，数据分布较多属于正态分布，故通常采用算术平均值。

1.4.1.2　误差的定义及分类

在任何一种测量中，无论所用仪器多么精密，方法多么完善，实验者多么细心，不同时间所测得的结果不一定完全相同，而有一定的误差和偏差。严格来讲，误差是指实验测量值（包括直接和间接测量值）与真值（客观存在的准确值）之差；偏差是指实验测量值与平均值之差，但习惯上通常将两者混淆而不以区别。

根据误差的性质及其产生的原因，可将误差分为系统误差、偶然误差和过失误差三种。

（1）系统误差　系统误差是指在测量和实验中未发觉或未确认的因素所引起的误差，其大小及符号在同一组实验测定中完全相同。在一定的实验条件下，系统误差是一个恒定值或按一定的规律变化。当改变实验条件时，就能发现系统误差的变化规律。

系统误差产生的原因包括：①仪器刻度不准，砝码未经校正等；②试剂不纯，质量不符合要求；③周围环境的改变，如外界温度、压力、湿度的变化等；④个人的习惯与偏向，如读取数据常偏高或偏低，记录某一信号的时间总是滞后，判定滴定终点的颜色程度因人而异等因素所引起的误差。可以用准确度一词来表征系统误差的大小，系统误差越小，准确度越高，反之亦然。

由于系统误差是测量误差的重要组成部分，消除和估计系统误差对于提高测量准确度就十分重要。一般系统误差是有规律的，其产生的原因也往往是可知的或找出原因后可以清除掉。对于不能消除的系统误差，我们应设法确定或估计出来。

（2）偶然误差　又称随机误差，在已消除系统误差的一切测量值的观测中，所测数据仍在末一位或末两位数字上有差别，而且它们的绝对值和符号的变化，时大时小，时正时负，没有确定的规律，这类误差称之为偶然误差或随机误差。偶然误差产生原因不明，因而也就无法控制和补偿。但是倘若对某一测量值做足够多次的等精度测量后，就会发现偶然误差完全服从统计规律，误差的大小或正负的出现完全由概率决定。因此，随着测量次数的增加，偶然误差的算术平均值趋近于零，所以多次测量结果的算术平均值将更接近于真值。

（3）过失误差　又称粗大误差，与实际明显不符的误差，主要是由于实验人员粗心大意（如读错、测错、记错等）、过度疲劳和操作不正确所致。此类误差无规律可循，只要加强责任感、多方警惕、细心操作，过失误差是可以避免的。

综上所述，我们可以认为系统误差和过失误差总是可以设法避免的，而偶然误差是不可避免的，因此最好的实验结果应该只含有偶然误差。

1.4.1.3　精密度、正确度和精确度

精密度：可以衡量某些物理量几次测量之间的一致性，即重复性。它可以反映偶然误差大小的影响程度。

正确度：指在规定条件下，测量中所有系统误差的综合，它可以反映系统误差大小的影响程度。

精确度（准确度）：指测量结果与真值偏离的程度。它可以反映系统误差和偶然误差综合大小的影响程度。

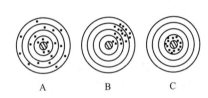

图 1-1　精密度、正确度、
精确度含义示意图

对于实验测量来说，精密度高，正确度不一定高。正确度高，精密度也不一定高。但精确度（准确度）高，必然是精密度与正确度都高。

为说明它们间的区别，往往用打靶来作比喻。如图1-1所示，A的系统误差小而偶然误差大，即正确度高而精密度低；B的系统误差大而偶然误差小，即正确度低而精密度高；C的系统误差和偶然误差都小，表示精确度（准确度）高。当然实验测量中没有像靶心那样明确的真值，而是设法去测定这个未知的真值。

1.4.2　误差的表示方法

测量误差分为测量点和测量列（集合）的误差。它们有不同的表示方法。

1.4.2.1　测量点的误差表示

（1）绝对误差 D　测量集合中某次测量值与其真值之差的绝对值称为绝对误差。

$$D = |X - x| \tag{1-13}$$

即　$X - x = \pm D$　　　　$x - D \leqslant X \leqslant x + D$

式中　X——真值，常用多次测量的平均值代替；

　　　x——测量集合中某测量值。

（2）相对误差 E_r　绝对误差与真值之比称为相对误差。

$$E_r = \frac{D}{|X|} \tag{1-14}$$

相对误差常用百分数或千分数表示。因此不同物理量的相对误差可以互相比较，相对误差与被测量的大小及绝对误差的数值都有关系。

（3）引用误差　仪表量程内最大示值误差与满量程示值之比的百分值。引用误差常用来表示仪表的精度。

1.4.2.2　测量列（集合）的误差表示

（1）范围误差　范围误差是指一组测量中的最高值与最低值之差，以此作为误差变化的范围。使用中常应用误差系数的概念。

$$K = \frac{L}{\alpha} \tag{1-15}$$

式中　K——最大误差系数；

L——范围误差；

α——算术平均值。

范围误差最大缺点是使 K 只取决于两极端值，而与测量次数无关。

（2）算术平均误差　算术平均误差是表示误差的较好方法，其定义为：

$$\delta = \frac{\sum d_i}{n}, i = 1, 2, \cdots, n \tag{1-16}$$

式中　n——观测次数；

d_i——测量值与平均值的偏差，$d_i = x_i - \alpha$。

算术平均误差的缺点是无法表示出各次测量间彼此符合的情况。

（3）标准误差　标准误差也称为根误差。

$$\sigma = \sqrt{\frac{\sum d_i^2}{n}} \tag{1-17}$$

标准误差对一组测量中的较大误差或较小误差感觉比较灵敏，成为表示精确度的较好方法。

上式适用无限次测量的场合。实际测量中，测量次数是有限的，因而改写为

$$\sigma = \sqrt{\frac{\sum d_i^2}{n-1}} \tag{1-18}$$

标准误差不是一个具体的误差，σ 的大小只说明在一定条件下等精度测量集合所属的任一次观测值对其算术平均值的分散程度，如果 σ 的值小，说明该测量集合中相应小的误差就占优势，任一次观测值对其算术平均值的分散度就小，测量的可靠性就大。

算术平均误差和标准误差的计算式中第 i 次误差可分别代入绝对误差和相对误差，得到的值表示测量集合的绝对误差和相对误差。

上述的各种误差表示方法中，不论是比较各种测量的精度或是评定测量结果的质量，均以相对误差和标准误差表示为佳，而在文献中标准误差更常被采用。

1.4.2.3　仪表的精确度与测量值的误差

（1）电工仪表等一些仪表的精确度与测量误差　这些仪表的精确度常采用仪表的最大引用误差和精确度的等级来表示。仪表的最大引用误差的定义为：

$$最大引用误差 = \frac{仪表显示值的绝对误差}{该仪表相应挡次量程的绝对值} \times 100\% \tag{1-19}$$

式中，仪表显示值的绝对误差指在规定的正常情况下，被测参数的测量值与被测参数的标准值之差的绝对值的最大值。对于多挡仪表，不同挡次显示值的绝对误差和量程范围均不

相同。

式(1-19) 表明，若仪表显示值的绝对误差相同，则量程范围愈大，最大引用误差愈小。

我国电工仪表的精确度等级有七种：0.1、0.2、0.5、1.0、1.5、2.5、5.0。如某仪表的精确度等级为 2.5 级，则说明此仪表的最大引用误差为 2.5%。

在使用仪表时，如何估算某一次测量值的绝对误差和相对误差？

设仪表的精确度等级为 P 级，其最大引用误差为 10%。设仪表的测量范围为 x_n，仪表的示值为 x_i，则由式(1-19) 得该示值的误差为

$$
\left.
\begin{array}{l}
绝对误差\ D \leqslant x_n \times P\% \\[2mm]
相对误差\ E_r = \dfrac{D}{x_i} \leqslant \dfrac{x_n}{x_i} \times P\%
\end{array}
\right\}
\qquad (1\text{-}20)
$$

式(1-20) 表明：

① 若仪表的精确度等级 P 和测量范围 x_n 已固定，则测量的示值 x_i 愈大，测量的相对误差愈小。

② 选用仪表时，不能盲目地追求仪表的精确度等级。因为测量的相对误差还与 $\dfrac{x_n}{x_i}$ 有关。应该兼顾仪表的精确度等级和 $\dfrac{x_n}{x_i}$。

（2）天平类仪器的精确度和测量误差 这些仪器的精确度用以下公式来表示：

$$
仪器的精确度 = \frac{名义分度值}{量程的范围} \qquad (1\text{-}21)
$$

式中，名义分度值指测量时读数有把握正确的最小分度单位，即每个最小分度所代表的数值。例如 TG-3284 型天平，其名义分度值（感量）为 0.1mg，测量范围为 0～200g，则其精确度为：

$$
精确度 = \frac{0.1}{(200-0)\times 10^3} = 5 \times 10^{-7} \qquad (1\text{-}22)
$$

若仪器的精确度已知，也可用式(1-21) 求得其名义分度值。

使用这些仪器时，测量的误差可用下式来确定：

$$
\left.
\begin{array}{l}
绝对误差 \leqslant 名义分度值 \\[2mm]
相对误差 \leqslant \dfrac{名义分度值}{测量值}
\end{array}
\right\}
\qquad (1\text{-}23)
$$

（3）测量值的实际误差 由于仪表的精确度用上述方法所确定的测量误差，一般总是比测量值的实际误差小得多。这是因为仪器没有调整到理想状态，如不垂直、不水平、零位没有调整好等，都会引起误差；仪表的实际工作条件不符合规定的正常工作条件，会引起附加误差；仪器经过长期使用后，零件发生磨损，装配状况发生变化等，也会引起误差；可能存在有操作者的习惯和偏向所引起的误差；仪表所感受的信号实际上可能并不等于待测的信号；仪表电路可能会受到干扰等。

总而言之，测量值实际误差大小的影响因素是很多的。为了获得较准确的测量结果，需要有较好的仪器，也需要有科学的态度和方法，以及扎实的理论知识和实践经验。

1.4.3 "过失"误差的舍弃

这里加引号的"过失"误差与前面提到真正的过失误差是不同的，在稳定过程中，不受

任何人为因素影响，测量出少量过大或过小的数值，随意地舍弃这些"坏值"，以获得实验结果的一致，这是一种错误的做法，"坏值"的舍弃要有理论依据。

如何判断是否属于异常值？最简单的方法是以三倍标准误差为依据。

从概率理论可知，大于 3σ（均方根误差）的误差所出现的概率只有 0.3%，故通常把这一数值称为极限误差，即

$$\delta_{极限} = 3\sigma \tag{1-24}$$

如果个别测量的误差超过 3σ，那么就可以认为属于过失误差而将其舍弃。重要的是如何从有限的几次观测值中舍弃可疑值，因为测量次数少，概率理论已不适用，而个别失常测量值对算术平均值影响很大。

有一种简单的判断法，即略去可疑观测值后，计算其余各观测值的平均值 α 及平均误差 δ，然后算出可疑观测值 x_i 与平均值 α 的偏差 d。

如果 $\qquad\qquad\qquad\qquad d \geqslant 4\delta$

则此可疑值可以舍弃，因为这种观测值存在的概率大约只有千分之一。

1.4.4　测量结果的正确读数和有效数字

在实验过程中，如何正确记录测量数值是非常重要的。在化工原理实验中，记录几位有效数字的问题完全是由测量数据的精密度决定的，所有数据应该能正确反映测量本身的精密度，计算过程只能维持原有的精密度，保留过多的位数不仅浪费时间和精力，也容易导致计算上的错误及引起对结果的误解。因此物理量的数值不仅反映出量的大小和数据的可靠程度，而且反映了仪器的可靠程度和实验方法。物理量的每一位都是有实际意义的，有效数字的位数就指明了测量的精确度，它包括测量中可靠的几位和最后估计的一位数。

1.4.4.1　有效数字及其表示方法

所谓有效数字是指一个位数中除最末一位数为欠准或不确定外，其余各位数都是准确知道的，这个数据有几位数，就说这个数据有几位有效数字。

有效数字反映一个数的大小，又表示在测量或计算中能够准确地量出或读出的数字，因此它与测量仪表的精确度有关，在有效数字中只许可包含一位估计数字（末位为估计数字），而不能包含两位估计数字。例如分度值为 $1\,℃$ 的温度计，读数 $24.5\,℃$，则三个数字都是有效数字（其中末位是许可估计数），而记为 $25\,℃$ 或 $24.47\,℃$ 都是不正确的。对于精度为 $1/10\,℃$ 的温度计，室温 $20.36\,℃$ 有效数字是四位，其中第四位是估计值。$51.1\,g$ 和 $0.0515\,g$ 都是三位有效数字，$1500\,m$ 有四位有效数字，而 $1.5 \times 10^4\,m$ 则只有两位有效数字，若写成 $1.500 \times 10^4\,m$ 表示四位有效数字，这时 1.500 中的"0"不能省去，表示这个数值与实际值只相差不过 $10\,m$。

1.4.4.2　有效数字的运算规则

① 记录、测量时只准保留一位估计数字。

② 当有效数字确定后，其余数字一律弃去，舍弃的办法是四舍五入，偶舍奇入。即末位有效数字后面第一位大于 5 则在前一位上加上 1；小于 5 就舍去；若等于 5 时，前一位是奇数就增加 1，前一位是偶数则舍去。例如有效数字是三位时，12.36 应为 12.4；12.34 应为 12.3；而 12.35 应为 12.4；但 12.45 就应为 12.4，而不是 12.5。

③ 加减法规则。以计算流体的进、出口温度之和、之差为例。若测得流体进出口温度分别为 $17.1\,℃$ 和 $62.35\,℃$，则

温度和	温度差
62.35	62.35
17.1	17.1
79.45	45.25

由于运算结果具有两位存疑值；它和有效数字的概念（每个有效数字只能有一位有疑值）不符，故第二位存疑数应作四舍五入加以抛弃。所以两者的结果为温度和等于 79.4℃ 和温度差等于 45.2℃。

从上面例子可以看出，为了保证间接测量值的精度，实验装置中选取仪器时，其精度要一致，否则系统的精度将受到精度低的仪器仪表的限制。

④ 乘除法运算。两个量相乘（或相除）的积（或商），与其有效数字位数量少的相同。

⑤ 乘方、开方后的有效数字位数与其底数相同。

⑥ 对数运算。对数的有效数字位数应与其真数相同。

读取数据时必须充分利用仪表的精度，读至仪表最小分度以下一位数，这个数应为估计值。如水银温度计最小分度为 0.1℃，若水银柱恰指 22.4℃时，应记为 22.40℃。注意过多取估计值的位数是毫无意义的。

碰到有些参数在读数过程中波动较大，首先要设法减小其波动。在波动不能完全消除的情况下，可取波动的最高点与最低点两个数据，然后取平均值；在波动不很大时可取一次波动的高低点之间的中间值作为估计值。

1.5 实验数据的处理方法

在整个实验过程中，实验数据处理是一个重要环节。它的目的是将实验中获得的大量数据整理成各变量之间的定量关系。人们认为实验数据处理是实验结束以后的工作，其实不然，对于一篇好的研究报告而言，数据处理的思想贯穿于整个实验过程。在实验方案的设计时，除了实验流程安排、装置设计和仪表选择之外，实验数据处理方法的选择也是一项重要的工作，它直接影响实验结果的质量和实验工作量的大小。因此，它在实验过程中的作用应该引起充分的重视。实验数据中各变量的关系可采用列表法、图示法和回归分析法。

1.5.1 列表法

将实验数据按自变量和因变量的关系，以一定的顺序列成数据表，即为列表法。列表法有许多优点，如为了不遗漏数据，原始数据记录表会给数据处理带来方便；列出数据使数据易比较；形式紧凑；同一表格内可以表示几个变量间的关系等。列表通常是整理数据的第一步，为标绘曲线图或整理成数学公式打下基础。

实验数据表一般分为两大类：原始数据记录表和整理计算数据表。原始数据记录表是根据实验的具体内容而设计的，以清楚地记录所有待测数据。该表必须在实验前完成。整理计算数据表可细分为中间计算结果表（体现出实验过程主要变量的计算结果）、综合结果表（表达实验过程中得出的结论）。以阻力实验测定 λ-Re 关系为例进行说明，其原始数据记录表和整理计算数据表如表 1-1 所示。

表 1-1　流体阻力实验数据记录表

直管内径 10mm			管长 1.70m			
液体温度　　　℃		液体密度 $\rho=$ 　kg/m³		液体黏度 $\mu=$ 　mPa·s		
原始数据记录			数据处理记录			
序号	流量 $Q/(\text{L/h})$	直管压差 $\Delta p/\text{kPa}$	$\Delta p/\text{Pa}$	流速 $u/(\text{m/s})$	Re	λ
1						
2						
3						

设计实验数据表应注意以下几点：

① 表格设计要力求简明扼要，一目了然，便于阅读和使用。记录、计算项目要满足实验需要，如原始数据记录表格上方要列出实验装置的几何参数以及平均水温等常数项。

② 表头列出物理量的名称、符号和计算单位。符号与计量单位之间用斜线"/"隔开。斜线不能重叠使用。计量单位不宜混在数字之中，造成分辨不清。

③ 注意有效数字位数，即记录的数字应与测量仪表的准确度相匹配，不可过多或过少。

④ 物理量的数值较大或较小时，要用科学记数法表示。以"物理量的符号 $\times 10^{\pm n}$ /计量单位"的形式记入表头。注意：表头中的 $10^{\pm n}$ 与表中的数据应服从下式：

$$\text{物理量的实际值} \times 10^{\pm n} = \text{表中数据}$$

⑤ 为便于引用，每一个数据表都应在表的上方写明表号和表题（表名）。表号应按出现的顺序编写并在正文中有所交代。同一个表尽量不跨页，必须跨页时，在跨页的表上需注"续表×××"。

⑥ 数据书写要清楚整齐。修改时宜用单线将错误的划掉，将正确的写在下面。各种实验条件及作记录者的姓名可作为"表注"，写在表的下方。

1.5.2　图示法

实验数据图示法就是将整理得到的实验数据或结果标绘成描述因变量和自变量的依从关系的曲线图。该法的优点是直观清晰，便于比较，容易看出数据中的极值点、转折点、周期性、变化率以及其他特性，准确的图形还可以在不知数学表达式的情况下进行微积分运算，因此得到广泛的应用。

实验曲线的标绘是实验数据整理的第二步，在工程实验中正确作图必须遵循如下基本原则，才能得到与实验点位置偏差最小而光滑的曲线图形。

1.5.2.1　坐标纸的选择

（1）坐标系　化工中常用的坐标系为直角坐标系、单对数坐标系和双对数坐标系。下面仅介绍单对数坐标系和双对数坐标系。

① 单对数坐标系。如图 1-2 所示，一个轴是分度均匀的普通坐标轴，另一个轴是分度不均匀的对数坐标轴。

② 双对数坐标系。如图 1-3 所示，两个轴都是对数标度的坐标轴。

（2）选用坐标纸的基本原则

① 直角坐标纸。变量 x、y 间的函数关系式为：$y=a+bx$。

② 单对数坐标纸。在下列情况下，建议使用单对数坐标纸：即为直线函数型，将变量 x、y 标绘在直角坐标纸上得到一直线图形，系数 a、b 不难由图上求出。

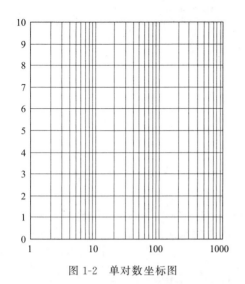

图1-2 单对数坐标图

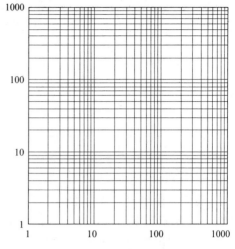

图1-3 双对数坐标图

a. 变量之一在所研究的范围内发生了几个数量级的变化。

b. 在自变量由零开始逐渐增大的初始阶段，当自变量的少许变化引起因变量极大变化时，采用单对数坐标可使曲线最大变化范围伸长，使图形轮廓清楚。

c. 当需要变换某种非线性关系为线性关系时，可用单对数坐标。如将指数型函数变换为直线函数关系。若变量 x、y 间存在指数函数型关系，则有：

$$y = a\,e^{bx} \tag{1-25}$$

式中，a、b 为待定系数。

在这种情况下，若把 x、y 数据在直角坐标纸上作图，所得图形必为一曲线。若对上式两边同时取对数

则

$$\lg y = \lg a + bx\lg e \tag{1-26}$$

令

$$\lg y = Y$$

$$b\lg e = k$$

则上式变为

$$Y = \lg a + kx \tag{1-27}$$

经上述处理变成了线性关系，以 $\lg y = Y$ 对 x 在直角坐标纸上作图，其图形也是直线。为了避免对每一个实验数据 y 取对数的麻烦，可以采用单对数坐标纸。因此可以把实验数据标绘在单对数坐标纸上，如为直线的话，其关联式必为指数函数型。

③ 双对数坐标纸。在下列情况下，建议使用双对数坐标纸：

a. 变量 x、y 在数值上均变化了几个数量级。

b. 需要将曲线开始部分划分成展开的形式。

c. 当需要变换某种非线性关系为线性关系时，例如幂函数。变量 x、y 若存在幂函数关系式，则有

$$y = ax^b \tag{1-28}$$

式中，a、b 为待定系数。

若直接在直角坐标系上作图必为曲线，为此把上式两边取对数

$$\lg y = \lg a + b\lg x \tag{1-29}$$

令 $\lg y = Y$，$\lg x = X$

则上式变换为 $Y = \lg a + bX$ $\tag{1-30}$

根据上式，把实验数据 x、y 取对数 $\lg x = X$，$\lg y = Y$ 在直角坐标系上作图也得一条直线。同理，为了解决每次取对数的麻烦，可以把 x、y 直接标在双对数坐标纸上，所得结果完全相同。

1.5.2.2 坐标分度的确定

坐标分度指每条坐标轴所代表的物理量大小，即选择适当的坐标比例尺。

① 为了得到良好的图形，在 x、y 的误差 Δx、Δy 已知的情况下，比例尺的取法应使实验"点"的边长为 $2\Delta x$、$2\Delta y$（近似于正方形），而且使 $2\Delta x = 2\Delta y = 1 \sim 2\text{mm}$，若 $2\Delta x = 2\Delta y = 2\text{mm}$，则它们的比例尺应为：

$$M_y = \frac{2\text{mm}}{2\Delta y} = \frac{1}{\Delta y}\text{mm}/y \tag{1-31}$$

$$M_x = \frac{2\text{mm}}{2\Delta x} = \frac{1}{\Delta x}\text{mm}/x \tag{1-32}$$

如已知温度误差 $\Delta T = 0.05℃$，则

$$M_T = \frac{1\text{mm}}{0.05℃} = 20\text{mm}/℃$$

此时温度 $1℃$ 的坐标为 20mm 长，若感觉太大可取 $2\Delta x = 2\Delta y = 1\text{mm}$，此时 $1℃$ 的坐标为 10mm 长。

② 若测量数据的误差不知道，那么坐标的分度应与实验数据的有效数字大体相符，即最适合的分度是使实验曲线坐标读数和实验数据具有同样的有效数字位数。另外，横、纵坐标之间的比例不一定取得一致，应根据具体情况选择，使实验曲线的坡度介于 $30°\sim60°$ 之间，这样的曲线坐标读数准确度较高。

③ 推荐使用坐标轴的比例常数 $M = (1、2、5) \times 10^{\pm n}$（$n$ 为正整数），而 3、6、7、8、9 等的比例常数绝不可选用，因为后者的比例常数不但引起图形绘制和实验麻烦，也极易引出错误。

1.5.2.3 图示法应注意的事项

① 对于两个变量的系统，习惯上选横轴为自变量，纵轴为因变量。在两轴侧要标明变量名称、符号和单位。如离心泵特性曲线的横轴需标明：流量 $Q/(\text{m}^3/\text{h})$。尤其是单位，初学者往往因受纯数学的影响而容易忽略。

② 坐标分度要适当，使变量的函数关系表现清楚。

对于直角坐标的原点不一定选为零点，应根据所标绘数据范围而定，其原点应移至比数据中最小者稍小一些的位置为宜，以使图形占满全幅坐标线为原则。

对于对数坐标，坐标轴刻度是按 1、10、…、10 的对数值大小划分的，其分度要遵循对数坐标的规律。当用坐标表示不同大小的数据时，只可将各值乘以 10^n（n 取正、负整数）而不能任意划分。对数坐标的原点不是零。在对数坐标上，1、10、100、1000 之间的实际距离是相同的，因为上述各数相应的对数值为 0、1、2、3，这在线性坐标上的距离相同。

③ 实验数据的标绘。若在同一张坐标纸上同时标绘几组测量值，则各组要用不同符号（如：o、△、×等）以示区别。若 n 组不同函数同绘在一张坐标纸上，则在曲线上要标明函数关系名称。

④ 图必须有图号和图题（图名），图号应按出现的顺序编写，并在正文中有所交代。必要时还应有图注。

⑤ 图线应光滑。利用曲线板等工具将各离散点连接成光滑曲线，并使曲线尽可能通过

较多的实验点，或者使曲线以外的点尽可能位于曲线附近，并使曲线两侧的点数大致相等。

1.5.3 数学方程表示法

在实验研究中，除了用表格和图形描述变量间的关系外，还常常把实验数据整理成方程式，以描述过程或现象的自变量和因变量之间的关系，即建立过程的数学模型。其方法是将实验数据绘制成曲线，与已知的函数关系式的典型曲线（线性方程、幂函数方程、指数函数方程、抛物线函数方程、双曲线函数方程等）进行对照选择，然后用图解法或者数值方法确定函数式中的各种常数。所得函数表达式是否能准确地反映实验数据所存在的关系，应通过检验加以确认。运用计算机将实验数据结果回归为数学方程已成为实验数据处理的主要手段。

1.5.3.1 数学方程式的选择

数学方程式选择的原则是：既要求形式简单，所含常数较少，同时也希望能准确地表达实验数据之间的关系，但要同时满足两个条件往往难以做到，通常是在保证必要的准确度的前提下，尽可能选择简单的线性关系，或者经过适当方法转换成线性关系的形式，使数据处理工作得到简化。

数学方程式选择的方法是：将实验数据标绘在普通坐标纸上，得一直线或曲线。如果是直线，则根据初等数学可知：$y=a+bx$，其中 a、b 值可由直线的截距和斜率求得。如果不是直线，也就是说，y 和 x 不是线性关系，则可将实验曲线和典型的函数曲线相对照，选择与实验曲线相似的典型曲线函数，然后用直线化方法处理，最后用所选函数与实验数据的符合程度加以检验。

直线化方法就是将函数 $y=f(x)$ 转化成线性函数 $Y=a+bX$ 的方法，如 1.5.2 节中所述的幂函数和指数函数转化成线性方程的方法。

1.5.3.2 图解法求公式中的常数

当公式选定后，可用图解法求方程式中的常数，本节以幂函数和指数函数、对数函数为例进行说明。

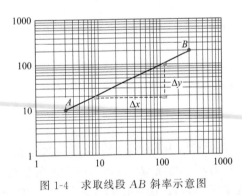

图 1-4　求取线段 AB 斜率示意图

（1）幂函数的线性图解　幂函数 $y=ax^b$ 经线性化后成为

$$Y=\lg a+bX$$

① 系数 b 的求法。系数 b 即为直线的斜率，如图 1-4 所示的 AB 线的斜率。在对数坐标上求取斜率方法与直角坐标上的求法不同。因为在对数坐标上标度的数值是真数而不是对数，因此双对数坐标纸上直线的斜率需要用对数值来求算，或者在两坐标轴比例尺相同情况下直接用尺子在坐标纸上量取线段长度来求取。

$$b=\frac{\Delta y}{\Delta x}=\frac{\lg y_2-\lg y_1}{\lg x_2-\lg x_1} \tag{1-33}$$

式中，Δy 与 Δx 的数值即为尺子测量而得的线段长度。

② 系数 a 的求法。在双对数坐标上，直线 $x=1$ 处的纵轴相交处的 y 值，即为方程 $y=ax^b$ 中的 a 值。若所绘的直线在图面上不能与 $x=1$ 处的纵轴相交，则可在直线上任取一组数值 x 和 y（而不是取一组测定结果数据）和已求出的斜率 b，代入原方程 $y=ax^b$ 中，通过计算求得 a 值。

（2）指数或对数函数的线性图解法　当所研究的函数关系成指数函数 $y=a\,e^{bx}$ 或对数函数 $y=a+b\lg x$ 时，将实验数据标绘在单对数坐标纸上的图形是一直线。

① 系数 b 的求法。对 $y=a\,e^{bx}$，线性化为 $Y=\lg a+kx$，式中 $k=b\lg e$，其纵轴为对数坐标，斜率为：

$$k=\frac{\lg y_2-\lg y_1}{x_2-x_1} \tag{1-34}$$

$$b=\frac{k}{\lg e} \tag{1-35}$$

对 $y=a+b\lg x$，横轴为对数坐标，斜率为：

$$b=\frac{y_2-y_1}{\lg x_2-\lg x_1} \tag{1-36}$$

② 系数 a 的求法。系数 a 的求法与幂函数中所述方法基本相同，可用直线上任一点处的坐标值和已经求出的系数 b 代入函数关系式后求解。

（3）二元线性方程的图解　若实验研究中，所研究对象的物理量是一个因变量与两个自变量，它们必成线性关系，则可采用以下函数式表示：

$$y=a+bx_1+cx_2 \tag{1-37}$$

在图解此类函数式时，应首先令其中一自变量恒定不变，例如使 x_1 为常数，则上式可改写成：

$$y=d+cx_2 \tag{1-38}$$

式中，$d=a+bx_1=\mathrm{const}$

由 y 与 x_2 的数据可在直角坐标中标绘出一条直线，如图 1-5（a）所示。采用上述图解法即可确定 x_2 的系数 c。

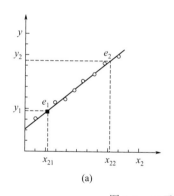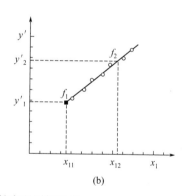

图 1-5　二元线性方程图解示意

在图 1-5（a）中直线上任取两点 $e_1(x_{21},\ y_1)$，$e_2(x_{22},y_2)$，则有：

$$c=\frac{y_2-y_1}{x_{22}-x_{21}} \tag{1-39}$$

当 c 求得后，将其代入式（1-37）中，并将式（1-37）重新改写成以下形式：

$$y-cx_2=a+bx_1 \tag{1-40}$$

令 $y'=y-cx_2$，于是可得一新的线性方程：

$$y'=a+bx_1 \tag{1-41}$$

由实验数据 y、x_2 和 c 计算得 y'，由 y' 与 x_1 在图 1-5（b）中标绘其直线，并在该直线上任取 $f_1(x_{11},\ y'_1)$ 及 $f_2(x_{12},\ y'_2)$ 两点。由 f_1、f_2 两点即可确定 a、b 两个常数。

$$b = \frac{y'_2 - y'_1}{x_{12} - x_{11}} \tag{1-42}$$

$$a = \frac{y'_1 x_{12} - y'_2 x_{11}}{x_{12} - x_{11}} \tag{1-43}$$

应该指出的是，在确定 b、a 时，其自变量 x_1、x_2 应同时改变，才能使其结果覆盖整个实验范围。

薛伍德（Sherwood）利用七种不同流体对流过圆形直管的强制对流传热进行研究，并取得大量数据，采用幂函数形式进行处理，其函数形式为：

$$Nu = BRe^m Pr^n \tag{1-44}$$

式中，Nu 随 Re 及 Pr 而变化，将上式两边取对数，采用变量代换，使之化为二元线性方程形式：

$$\lg Nu = \lg B + m\lg Re + n\lg Pr \tag{1-45}$$

令 $y = \lg Nu$；$x_1 = \lg Re$；$x_2 = \lg Pr$；$a = \lg B$，上式即可表示为二元线性方程式：

$$y = a + mx_1 + nx_2 \tag{1-46}$$

现将式（1-45）改写为以下形式，确定常数 n（固定变量 Re 值，使 $Re = \text{const}$，自变量减少一个）。

$$\lg Nu = (\lg B + m\lg Re) + n\lg Pr \tag{1-47}$$

薛伍德固定 $Re = 10^4$，将七种不同流体的实验数据在双对数坐标纸上标绘 Nu 和 Pr 之间的关系如图 1-6（a）所示。实验表明，不同 Pr 的实验结果，基本上是一条直线，用这条直线确定 Pr 的指数 n，然后在不同 Pr 及不同 Re 下实验，按下式图解法求解：

$$\lg(Nu/Pr^n) = \lg B + m\lg Re \tag{1-48}$$

以 $Nu/Pr^{0.4}$ 对 Re 在双对数坐标纸上作图，标绘出一条直线如图 1-6（b）所示。由这条直线的斜率和截距确定 B 和 m 值。这样，经验公式中的所有待定常数 B、m 和 n 均被确定。

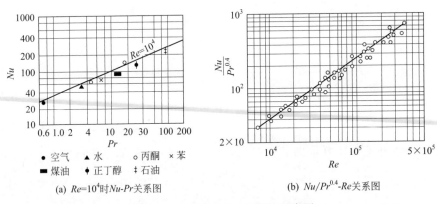

图 1-6　$Nu = BRe^m Pr^n$ 图解法示意图

（4）实验数据的回归分析法　前面介绍了用图解法获得经验公式的过程。尽管图解法有很多优点，但它的应用范围毕竟很有限。目前在寻求实验数据的变量关系间的数学模型时，回归分析法是应用最广泛的一种数学方法。用这种数学方法可以从大量观测的散点数据中寻找到能反映事物内部的一些统计规律，并可以用数学模型形式表达出来。回归分析法与计算机相结合，已成为确定经验公式的有效手段。

回归也称拟合。对具有相关关系的两个变量，若用一条直线描述，则称一元线性回归，用一条曲线描述，则称一元非线性回归。对具有相关关系的三个变量，其中一个因变量、两个自变量，若用平面描述，则称二元线性回归；用曲面描述，则称二元非线性回归。依次类推，可以延伸到 n 维空间进行回归，则称多元线性回归或多元非线性回归。处理实验问题时，往往将非线性问题转化为线性问题来处理。建立线性回归方程最有效的方法为线性最小二乘法，以下主要讨论用最小二乘法回归一元线性方程。

① 一元线性回归方程的求法。在科学实验的数据统计方法中，通常要从获得的实验数据（x_i，y_i，$i=1$，2，…，n）中，寻找其自变量 x_i 与因变量 y_i 之间的函数关系 $y=f(x)$。由于实验测定数据一般都存在误差，因此，不能要求所有的实验点均在 $y=f(x)$ 所表示的曲线上，只需满足实验点（x_i，y_i）与 $f(x_i)$ 的残差 $d_i=y_i-f(x_i)$ 小于给定的误差即可。此类寻求实验数据关系近似函数表达式 $y=f(x)$ 的问题称之为曲线拟合。

曲线拟合首先应针对实验数据的特点，选择适宜的函数形式，确定拟合时的目标函数。例如在取得两个变量的实验数据之后，若在普通直角坐标纸上标出各个数据点，如果各点的分布近似于一条直线，则可考虑采用线性回归求其表达式。

设给定 n 个实验点（x_1，y_1），（x_2，y_2），…，（x_n，y_n），其离散点图如图 1-7 所示。于是可以利用一条直线来代表它们之间的关系

$$y'=a+bx \tag{1-49}$$

式中　y'——由回归式算出的值，称回归值；

　　　a，b——回归系数。

对每一测量值 x_i，可由式（1-49）求出一回归值 y'。回归值 y' 与实测值 y_i 之差的绝对值 $d_i=|y_i-y_i'|=|y_i-(a+bx_i)|$ 表明 y_i 与回归直线的偏离程度。两者偏离程度愈小，说明直线与实验数据点拟合愈好。$|y_i-y_i'|$ 值代表点（x_1，y_1）沿平行于 y 轴方向到回归直线的距离，如图 1-8 上各竖直线 d_i 所示。

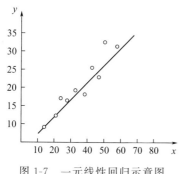

图 1-7　一元线性回归示意图

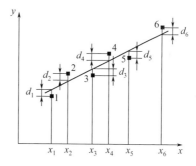

图 1-8　实验曲线示意图

曲线拟合时应确定拟合时的目标函数。选择残差平方和为目标函数的处理方法即为最小二乘法。此法是寻求实验数据近似函数表达式的更为严格有效的方法。定义为：最理想的曲线就是能使各点同曲线的残差平方和为最小。

设残差平方和 Q 为：

$$Q=\sum_{i=1}^{n}d_i^2=\sum_{i=1}^{n}[y_i-(a+bx_i)]^2 \tag{1-50}$$

式中，x_i、y_i 是已知值，故 Q 为 a 和 b 的函数，为使 Q 值达到最小，根据数学上极值原理，只要将式（1-50）分别对 a 和 b 求偏导数 $\dfrac{\partial Q}{\partial a}$，$\dfrac{\partial Q}{\partial b}$，并令其等于零即可求 a 和 b 之值，

这就是最小二乘法原理。即

$$\begin{cases} \dfrac{\partial Q}{\partial a} = -2\sum_{i=1}^{n}(y_i - a - bx_i) = 0 \\ \dfrac{\partial Q}{\partial b} = -2\sum_{i=1}^{n}(y_i - a - bx_i)x_i = 0 \end{cases} \tag{1-51}$$

由式(1-51) 可得正规方程：

$$\begin{cases} a + \overline{x}\,b = \overline{y} \\ n\overline{x}a + \left(\sum_{i=1}^{n}x_i^2\right)b = \sum_{i=1}^{n}x_iy_i \end{cases} \tag{1-52}$$

式中
$$\overline{x} = \frac{1}{n}\sum_{i=1}^{n}x_i \qquad \overline{y} = \frac{1}{n}\sum_{i=1}^{n}y_i \tag{1-53}$$

解正规方程 (1-52)，可得到回归式中的 a（截距）和 b（斜率）：

$$b = \frac{\sum(x_iy_i) - n\overline{x}\,\overline{y}}{\sum x_i^2 - n(\overline{x})^2} \tag{1-54}$$

$$a = \overline{y} - b\overline{x} \tag{1-55}$$

② 回归效果的检验。实验数据变量之间的关系具有不确定性，一个变量的每一个值对应的是整个集合值。当 x 改变时，y 的分布也以一定的方式改变。在这种情况下，变量 x 和 y 间的关系就称为相关关系。

在以上求回归方程的计算过程中，并不需要事先假定两个变量之间一定有某种相关关系。就方法本身而论，即使平面图上是一群完全杂乱无章的离散点，也能用最小二乘法给其配一条直线来表示 x 和 y 之间的关系，显然这是毫无意义的。实际上只有两变量是线性关系时进行线性回归才有意义。因此，必须对回归效果进行检验。

a. 相关系数。我们可引入相关系数 r 对回归效果进行检验，相关系数 r 是说明两个变量线性关系密切程度的一个数量性指标。

若回归所得线性方程为：$y' = a + bx$

则相关系数 r 的计算式为（推导过程略）：

$$r = \frac{\sum(x_i - \overline{x})(y_i - \overline{y})}{\sqrt{\sum(x_i - \overline{x})^2 \sum(y_i - \overline{y})^2}} \tag{1-56}$$

r 的变化范围为 $-1 \leqslant r \leqslant 1$，其正、负号取决于 $\sum(x_i - \overline{x})(y_i - \overline{y})$，与回归直线方程的斜率 b 一致。r 的几何意义可用图 1-9 来说明。

当 $r = \pm 1$ 时，即 n 组实验值 (x_i, y_i)，全部落在直线 $y = a + bx$ 上，此时称完全相关，见图 1-9(d)、(e)。

当 $0 < |r| < 1$ 时，代表绝大多数的情况，这时 x 与 y 存在着一定线性关系。当 $r > 0$ 时，散点图的分布是 y 随 x 增加而增加，此时称 x 与 y 正相关，见图 1-9(b)。当 $r < 0$ 时，散点图的分布是 y 随 x 增加而减少，此时称 x 与 y 负相关，见图 1-9(c)。$|r|$ 越小，散点离回归线越远，越分散。当 $|r|$ 越接近 1 时，即 n 组实验值 (x_i, y_i) 越靠近 $y = a + bx$，变量与 x 之间的关系越接近于线性关系。当 $r = 0$ 时，变量之间就完全没有线性关系了，如图 1-9(a) 所示。应该指出，没有线性关系，并不等于不存在其他函数关系，见图 1-9(f)。

b. 显著性检验。如上所述，相关系数 r 的绝对值愈接近 1，x、y 间愈线性相关。但究

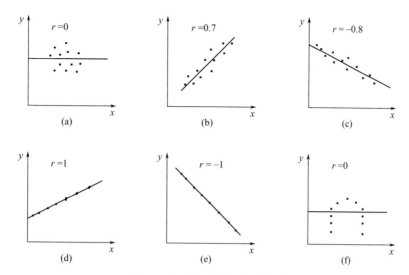

图 1-9 相关系数的几何意义图

竟 $|r|$ 接近到什么程度才能说明 x 与 y 之间存在线性相关关系呢？这就有必要对相关系数进行显著性检验。只有当 $|r|$ 达到一定程度才可以采用回归直线来近似地表示 x、y 之间的关系，此时可以说明相关关系显著。一般来说，相关系数 r 达到使相关显著的值与实验数据的个数 n 有关。因此只有 $|r| > r_{min}$ 时，才能采用线性回归方程来描述其变量之间的关系。

若实际的 $|r| \geqslant 0.798$，则说明该线性相关关系在 $\alpha = 0.01$ 水平上显著。当 $0.789 \geqslant |r| \geqslant 0.666$ 时，则说明该线性相关关系在 $\alpha = 0.05$ 水平上显著。当实验的 $|r| \leqslant 0.666$，则说明相关关系不显著，此时认为 x、y 线性不相关，配回归直线毫无意义。α 越小，显著程度越高。

2 化工自动化及常用仪表基础知识

2.1 检测仪表

化工原理实验过程中，需要借助于测量手段对相关参数（温度、压力、流量、液位等）进行测量和控制，测量和控制的质量直接影响着实验结果的好坏，所以需要学生对实验中的工业仪表的原理和操作有所了解。

2.1.1 温度检测及仪表

温度是表示物体冷热程度的物理量，温度不能直接测量，只能借助于冷热不同物体之间的热交换，以及物体的某些物理性质随冷热程度不同而变化的特性来间接测量。根据测温原理不同，温度测量大体上分为膨胀式、压力式、热电偶式、热电阻式等。

2.1.1.1 膨胀式温度计

膨胀式温度计是基于物体受热时产生膨胀的原理，可分为液体膨胀式和固体膨胀式两种。玻璃液体温度计属于液体膨胀式温度计，双金属温度计属于固体膨胀式温度计。

玻璃液体温度计利用装在玻璃温包中的测温液体随温度改变而引起体积的变化，使进入毛细管中的液柱高度发生变化，是以液柱位置的变化来测定温度的一种仪器。

玻璃液体温度计由温包、玻璃毛细管和刻度标尺等组成。温包和毛细管中装有某种液体。最常用的液体为汞、酒精、煤油和甲苯等。温度变化时毛细管内液面直接指示出温度。

双金属温度计是把两种线膨胀系数不同的金属组合在一起，一端固定，当温度变化时，两种金属热膨胀不同，使自由端产生位移，带动指针偏转以指示温度。双金属温度计结构简单、牢固。双金属温度计不仅用于测量温度，而且还用于温度控制装置（尤其是开关的"通断"控制），使用范围相当广泛。

图 2-1 为双金属温度计原理图，它的感温元件通常绕成螺旋形，一端固定，另一端连接指针轴。温度变化时，感温元件的弯曲率发生变化，并通过指针

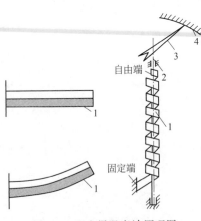

图 2-1 双金属温度计原理图

1—双金属片；2—指针轴；

3—指针；4—刻度盘

轴带动指针偏转，在刻度盘上显示出温度的变化。为了满足不同用途的要求，双金属元件制成各种不同的形状，如 U 形、螺旋形、螺管形、直杆形等。双金属温度计的测温范围与液体膨胀式温度计接近，精度较差，但在振动和受冲击的应用场合，读数方便，比较适用。

2.1.1.2 压力式温度计

压力式温度计是基于密闭系统中的液体、气体或者饱和蒸气受热时产生膨胀，导致压力变化的原理制成的，并用压力表来检测这种变化。

当温包感受到温度变化时，密闭系统内饱和蒸气产生相应的压力，引起弹簧管伸张，使其自由端产生位移，再由齿轮放大机构把位移变为指针偏转，则指针在表盘上指出对应的被测温度值。这种温度计具有灵敏度高、反应速度快、温包体积小、读数直观等特点，广泛应用于化工、制药、食品、轻纺等行业中对生产过程中的温度测量和控制，可以实现远传触点信号、热电阻信号、0～10mA 或 4～20mA 信号。

压力式温度计主要结构如图 2-2 所示，包括温包、毛细管和弹簧管等。温包是通过直接与被测介质相接触来感受温度变化的元件，要求具有高的强度、小的膨胀系数、高的热导率以及抗腐蚀等性能，可用铜合金、钢或者不锈钢来制造。毛细管用来传递压力的变化，在同样的长度下，毛细管越细，仪表的精度就越高，但是容易被折断，可用铜或钢等材料冷拉成的无缝圆管来制造。弹簧管是一般压力表用的弹性元件，弹簧管壁受流体压力作用而使弹簧管伸张，产生位移，借助于放大机构带动指针偏转，来指示对应的被测温度值。

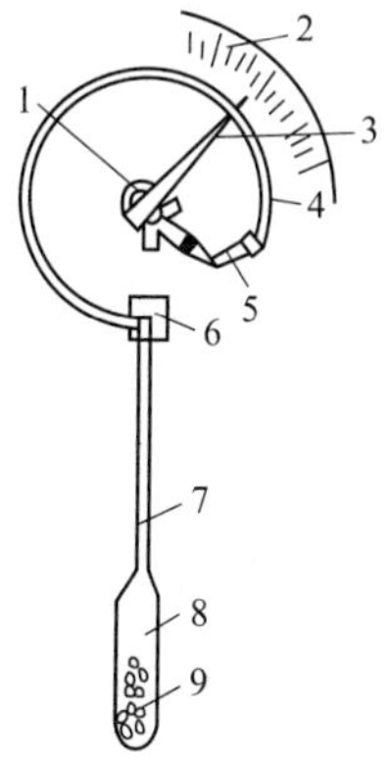

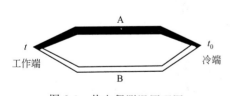

图 2-2　压力式温度计结构原理图

1—传动机构；2—刻度盘；3—指针；4—弹簧管；5—连杆；6—接头；7—毛细管；8—温包；9—工作物质

2.1.1.3 热电偶温度计

热电偶是温度测量仪表中常用的测温元件，它直接测量温度，并把温度信号转换成热电势信号，通过二次仪表转换成被测介质的温度。热电偶温度计具有测量精度高、测量范围大、装配简单、更换方便、性能牢靠、机械强度好、使用寿命长等优点，可以实现远距离检测、指示、控制、记录等功能，因此在化工生产中应用极为广泛。

热电偶是由两种不同材料的金属导体两端焊接成闭合回路，由于材质不同，不同的电子密度产生电子扩散，当两个接合点的温度不同时，在回路中就会产生电动势，这种电动势称为热电势，这种现象称为热电效应。热电偶就是利用热电效应进行温度测量的。其中，直接用作测量介质温度的一端叫作工作端（也称为测量端），另一端叫作冷端（也称为补偿端），冷端与显示仪表或配套仪表连接，显示仪表会指出热电偶所产生的热电势。热电偶测温原理如图 2-3 所示。

图 2-3　热电偶测温原理图

热电偶材料固定之后，热电势是工作端温度和冷端温度的函数，如果冷端温度保持不变，那么热电势只是工作端温度的单值函数，这样只要测出热电势的大小，就能判断工作端温度的高低。由于热电极的材料不同，所产生的接触热电势亦不同，因此不同热电极材料制成的热电偶在相同温度下产生的热电势是不同的。

热电偶温度计由三部分组成：热电偶、测量仪表、连接导线。热电偶通常由热电极、

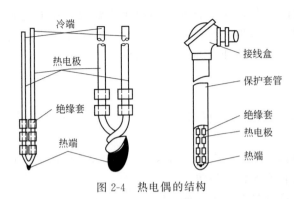

图 2-4　热电偶的结构

绝缘套、保护套管和接线盒等部分组成，如图 2-4 所示。

工业上对热电偶材料的基本要求是：在测温范围内，热电性质稳定，不随时间变化，有足够的物理化学稳定性，不易氧化或腐蚀；电阻温度系数小，电导率高，比热容小；测温中产生热电势要大，并且热电势与温度之间成线性或接近线性的单值函数关系；材料复现性要好，这样便于成批生产；机械强度高，制造工艺简单，价格低；材料组织均匀、要有韧性，便于加工成丝。

我国常用的标准化热电偶有 B、R、S、K、N、E、J、T 8 种，它们的分度表分度公式及热电势对分度表的允差都与国际标准（IEC）相同。钨铼热电偶采用美国试验与材料协会（ASTM）的标准。其中分度号为 B、R、S 的三种热电偶均由铂和铂铑合金制成，属于贵金属热电偶。分度号为 K、N、E、J、T 的五种热电偶，由镍、铬、硅、铜、铝、锰、镁、钴等金属的合金制成，属于贱金属热电偶。工业热电偶测量范围如表 2-1 所示。

表 2-1　工业热电偶测量范围

名称	分度号	测量范围/℃	适用气氛①	稳定性
铂铑$_{50}$-铂铑$_6$	B	200~1800	O、N	<1500℃，优；>1500℃，良
铂铑$_{15}$-铂	R	−40~1600	O、N	<1400℃，优；>1400℃，良
铂铑$_{10}$-铂	S		O、N	
镍铬-镍硅（铝）	K	−270~1300	O、N	中等
镍铬硅-镍硅	N	−270~1260	O、N、R	良
镍铬-康铜	E	−270~1000	O、N	中等
铁-康铜	J	−40~760	O、N、R、V	<500℃，良；>500℃，差
铜-康铜	T	−270~350	O、N、R、V	−170~200℃，优

① 表中 O 为氧化气氛，N 为氮化气氛，R 为还原气氛，V 为真空。

2.1.1.4　热电阻温度计

热电阻是中低温区最常用的一种温度检测器。热电阻测温是基于金属导体的电阻值和温度成一定的函数关系的原理来进行温度测量的。它的主要特点是测量精度高、性能稳定、机械强度高、性能可靠等。它广泛用于化工、石油、食品、机械、冶金、电力、轻纺、原子能等工业部门和科技领域。

热电阻的测温原理与热电偶的测温原理不同的是，热电阻是基于电阻的阻值随温度的变化而变化的热效应进行温度测量的。因此，只要测量出感温热电阻的阻值变化，就可以测量出温度。目前主要有金属热电阻和半导体热敏电阻两类。热电阻温度计由热电阻（感温元件）、显示仪表以及连接导线所组成，如图 2-5 所示。

作为热电阻材料的一般要求是：电阻温度系数、电阻率要大；热容量要小；在整个测温范围

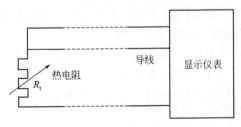

图 2-5　热电阻温度计组成

内，应具有稳定的物理、化学性质和良好的复制性；电阻值随温度的变化关系，最好成线性；价格便宜。目前，使用的金属热电阻材料主要有铜、铂、镍、铁等。由于铁、镍提纯困难，实际使用最广的是铜、铂两种金属材料，并且已经标准化。

铂是一种贵金属，精度高、性能可靠、抗氧化性好、物理化学性能稳定，尤其是耐氧化能力很强，它易于提纯，有良好的工艺性，可以制成极细的铂丝，与铜、镍等金属相比，有较高的电阻率，稳定性好，复现性高，是一种比较理想的热电阻材料，电阻与温度成非线性关系，适用于中性和氧化性介质，在还原介质中工作易变脆，价格也较贵。工业上使用的铂电阻主要是分度号为 Pt100 ，它的 $R_0 = 100\Omega$。

铜热电阻的价格便宜，线性度好，温度系数大，材料容易提纯，工业上在 $-50 \sim 150℃$ 范围内使用较多。铜热电阻怕潮湿，易被腐蚀，易氧化，在温度不高时可以选用，熔点亦低，适用于无腐蚀介质。工业上常用的铜电阻有两种，一种是 $R_0 = 50\Omega$，对应的分度号为 Cu50。另一种是 $R_0 = 100\Omega$，对应的分度号为 Cu100。

测温元件的安装要求：在被测介质有流速的情况下，应使其处于管道中心线上，并越过中心线一段距离，而且与被测流体的方向相对，形成逆流；有弯道的应尽量安装在管道弯曲处；热电阻接线盒的盖子应尽量向上，防止被水浸入；设备上安装的温度元件一般采用法兰安装，管道上的温度元件一般采用螺纹连接；高压管道一般也采用法兰安装形式。

2.1.2 压力检测及仪表

压力检测仪表是用来测量液体、气体或蒸汽压力的工业自动化仪表，又称压力表或压力计。压力检测仪表按工作原理分为液柱式、弹性式、电气式等类型。

2.1.2.1 液柱式压力计

液柱式压力计根据流体静力学原理，将被测压力转换成液柱高度进行测量。按其结构形式的不同，有 U 形管压力计 [图 2-6(a)]、倒 U 形管压力计 [图 2-6(b)]、单管压力计 [图 2-6(c)]、倾斜 U 形管压差计 [图 2-6(d)]、微差压差计等。这类压力计结构简单、使用方便，其精度受工作液的毛细管作用、密度及视差等因素的影响，测量范围较窄，一般用来测量较低压力、真空度或压力差。

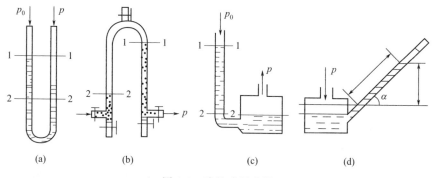

图 2-6　液柱式压力计

2.1.2.2 弹性式压力计

弹性式压力计是利用各种形式的弹性元件在被测介质压力的作用下，使弹性元件受压后产生弹性变形的原理而制成的测压仪表，具有结构简单、使用可靠、读数清晰、价格低廉、测量范围宽以及有足够的精度等优点，可用来测量几百帕到数千兆帕范围内的压力。

2　化工自动化及常用仪表基础知识

弹性元件是一种简易可靠的测压敏感元件。当测压范围不同时，所用的弹性元件也不一样。弹簧管式弹性元件如图 2-7(a)、(b) 所示，薄膜式弹性元件如图 2-7(c)、(d) 所示，波纹管式弹性元件如图 2-7(e) 所示。

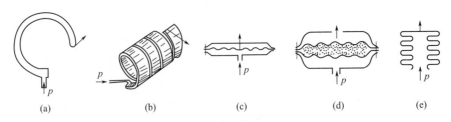

(a)　　　　　(b)　　　　　(c)　　　　　(d)　　　　　(e)

图 2-7　弹性元件示意图

弹簧管压力表是工业生产中最广泛使用的类型，按其所使用的测量元件不同，有单圈弹簧管压力表和多圈弹簧管压力表，其中以单圈弹簧管压力表应用最多，被广泛用于化工、冶金石油、制药、食品等工业生产领域。

弹簧管压力表属于就地指示型压力表，就地显示压力的大小，不带远程传送显示、调节功能。弹簧管压力表适用测量无爆炸、不结晶、不凝固、对铜和铜合金无腐蚀作用的液体、气体或蒸汽的压力。

弹簧管压力表主要由弹簧管、连杆、扇形齿轮、中心齿轮、指针、游丝等组成，其工作原理如图 2-8 所示。弹簧管一端开口固定在压力计的外壳上，通过接头与被测流体相连，被测流体由此通入弹簧管内，另一端封闭，为可自由移动的自由端，自由端接连杆与扇形齿轮相连，扇形齿轮又和中心齿轮咬合组成传动放大装置。当被测流体引入弹簧管时，弹簧管壁受流体压力作用而使弹簧管伸张，使自由端产生位移，通过连杆带动扇形齿轮转动，扇形齿轮带动中心齿轮偏转，中心齿轮带动指针偏转，则指针在表盘上指出对应的被测压力值。

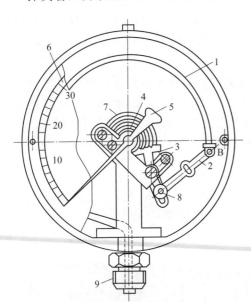

图 2-8　弹簧管压力表

1—弹簧管；2—连杆；3—扇形齿轮；4—中心齿轮；5—指针；6—面板；7—游丝；8—调整螺钉；9—接头

2.1.2.3　电气式压力计

电气式压力计是一种能将压力转换成电信号进行传输及显示的仪表。由于可以远距离传送信号，所以在工业生产过程中可以实现压力自动控制和报警，并可与工业控制机联用。一般由压力传感器、测量电路和信号处理装置所组成。常用的信号处理装置有指示仪、记录仪以及控制器、微处理机等。

压力传感器是工业实践中最为常用的一种传感器，其广泛应用于石化、油井、电力、航空航天、军工、船舶、管道等众多行业。压力传感器的统一输出信号为 $0 \sim 10mA$、$4 \sim 20mA$ 或 $1 \sim 5V$ 等直流电信号。压力传感器包括电容式、电感式、应变式等。

（1）霍尔片式压力传感器　霍尔片式压力传感器是利用材料的霍尔效应，将感受的压力转换成可用信号输出的传感器。霍尔元件为四端元件，两端用于输入激励电流，两端用于输出霍尔电动势。理想霍尔元件的材料要求具有较高的电阻率及载流子迁移率，以便获得较大的霍尔电动势。常用霍尔元件的材料大都是半导体，包括 N 型硅（Si）、锑化铟（InSb）、砷化铟（InAs）、锗（Ge）、砷化镓（GaAs）及多层半导体质结构材料。N 型硅的霍尔系数、温度稳定性和线性度均较好，砷化镓温漂小，目前应用广泛。

霍尔片式压力传感器一般由两部分组成，一部分是弹性元件，用来感受压力，并将压力转换为位移量；另一部分是霍尔元件和磁系统。通常将霍尔元件固定在弹性元件上，当弹性元件产生位移时，将带动霍尔元件在具有均匀梯度的磁场中移动，从而产生霍尔电势，将压力变换为电量。对于一定的霍尔片，其霍尔电势仅与磁场强度和电流强度有关。图 2-9 中两对磁极所形成的磁感应强度是非均匀磁场，霍尔片处于磁场中，并且通过霍尔片的电流恒定（为常数），当弹簧管自由端的霍尔片处在磁场中不同位置时，由于受到的磁感应强度不同，即可得到与弹簧管自由端位移成比例的霍尔电势，这样就实现了位移-电势的线性转换。

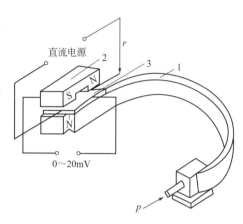

图 2-9　霍尔片式压力传感器
1—弹簧管；2—磁钢；3—霍尔片

（2）单晶硅压阻式压力传感器　单晶硅压阻式压力传感器可用于测量液体、气体或蒸汽的表压力、差压、绝对压力、液位、速度、加速度等参数，具有精度高、稳定性能好、安全性好、抗干扰能力强、尺寸小、重量轻、快捷、使用方便等优点，广泛应用于化工、石油、自动化设备制造、航空航天、军事、电站、医疗、制药、食品等行业。

单晶硅压阻式压力传感器利用单晶硅的压阻效应而构成，采用单晶硅片为弹性元件，在单晶硅膜片上利用集成电路的工艺，在单晶硅的特定方向扩散一组等值电阻，并将电阻接成桥路，单晶硅片置于传感器腔内。当压力发生变化时，单晶硅产生应变，使直接扩散在上面的应变电阻产生与被测压力成比例的变化，再由桥式电路获得相应的电压输出信号。

（3）电容式压力变送器　电容式压力变送器先将压力的变化转换为电容量的变化，然后进行测量，主要用于测量气体、液体和蒸汽的表压力、差压、绝对压力等参数，具有精度高、稳定性能好、体积小、重量轻、结构简单、使用方便等优点。它能将测压元件感受到的压力参数转变成标准的 4～20mA（DC）电流信号，可以实现报警、检测、指示、控制、记录等功能。

电容式压力变送器的工作原理如图 2-10 所示。电容式压力变送器由测量膜片与两侧绝缘片上的固定电极各组成一个电容器。当被测介质的两种压力作用在两侧隔离膜片上时，压力通过隔离膜片与测量膜片之间填充的液体硅油传送到测量膜片两侧。当两侧压力不一致时，也就是存在压力差时，使测量膜片产生位移变化，引起

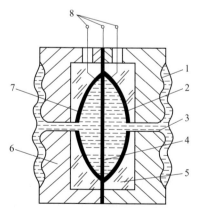

图 2-10　电容式压力变送器的
工作原理图
1—隔离膜片；2,7—固定电极；3—硅油；
4—测量膜片；5—玻璃层；
6—底座；8—引线

31

测量膜片与两边固定电极间的距离发生变化，进而导致两侧电容量不等，其位移量和压力差成正比，这样就把压力的变化转换成了电容的变化量。电容的变化量再通过测定电路的检测和放大，转变成标准的 $4\sim20mA$（DC）电流信号。

2.1.2.4 压力计的安装要求

（1）测压点的选择

① 要选在被测介质直线流动的管段部分，不要选在管路拐弯、分叉、死角或其他易形成漩涡的地方。

② 测量流动介质的压力时，应使取压点与流动方向垂直，取压管内端面与生产设备连接处的内壁应保持平齐，不应有凸出物或毛刺。

③ 测量液（气）体压力时，取压点应在管道下（上）部，使导压管内不积存气（液）体（排气泡和液珠）。

（2）导压管安装

① 导压管粗细要合适，一般内径为 $6\sim10mm$，长度应尽可能短，最长不得超过 50m，以减少压力指示的迟缓。如超过 50m，应选用能远距离传送的压力计。

② 导压管水平安装时应保证有（1∶10）～（1∶20）的倾斜度，以利于积存于其中之液体（或气体）的排出。

③ 当被测介质易冷凝或冻结时，必须加设保温管线。

④ 取压口到压力计之间应装有切断阀，以备检修压力计时使用。切断阀应装设在靠近取压口的地方。

（3）压力计的安装

① 压力计应安装在易观察和检修的地方，应力求避免振动和高温影响；

② 测量蒸汽压力时，应加装凝液管，以防止高温蒸汽直接与测压元件接触，对于有腐蚀性介质的压力测量，应加装有中性介质的隔离罐；

③ 压力计的连接处，应根据被测压力的高低和介质性质，选择适当的材料作为密封垫片，以防泄漏；

④ 当被测压力较小，而压力计与取压口又不在同一高度时，对由此高度而引起的测量误差应进行修正；

⑤ 为安全起见，测量高压的压力计除选用有通气孔的外，安装时表壳应向墙壁或无人通过之处，以防发生意外。

2.1.3 流量检测及仪表

2.1.3.1 差压（节流）式流量计

差压式（也称节流式）流量计是基于流体流动的节流原理，利用流体流经节流装置时产生的压力差而实现流量测量的。通常是由能将被测流量转换成压差信号的节流装置、能将此压差转换成对应的流量值显示出来的差压计和显示仪表组成。流体在有节流装置的管道中流动时，在节流装置前后的管壁处，流体的静压力产生差异的现象称为节流现象。节流装置就是在管道中放置的一个局部收缩元件，应用最广泛的是孔板，其次是喷嘴、文丘里管，其结构示意图如图 2-11 所示。

流量基本方程式是阐明流量与压差之间定量关系的基本流量公式。它是根据流体力学中的伯努利方程和流体连续性方程式推导而得的。

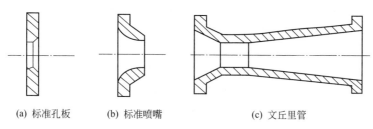

(a) 标准孔板　　(b) 标准喷嘴　　　　(c) 文丘里管

图 2-11　节流装置示意图

$$Q = \alpha \varepsilon F_0 \sqrt{\frac{2}{\rho_1} \Delta p} \qquad (2-1)$$

式中，α 为流量系数，它与节流装置的结构形式、取压方式、孔口截面积与管道截面积之比 m、孔口边缘锐度、雷诺数、管壁粗糙度等因素有关；ε 为膨胀校正系数，它与孔板前后压力的变化量、介质的等熵指数、孔口截面积和管道截面积之比等因素有关，可以查手册，对于不可压缩流体 $\varepsilon = 1$；F_0 为节流装置的开孔截面积；Δp 为节流装置前后实际测得的压力差；ρ_1 为节流装置前的流体密度。

由流量基本方程式看出，流量与压力差的平方根成正比，只要测出压力差就可以得到实际的流量，这里的流量系数是一个受诸多因素影响的参数，其值可以通过手册或者实验确定，只能在一定条件下使用，一旦条件发生变化（例如节流装置形式、取压方法、尺寸、工艺条件等改变），就必须重新计算修正。

通常把最常用的节流装置孔板、喷嘴、文丘里管等标准化，并称为"标准节流装置"。在加工制造和安装方面，以孔板为最简单，喷嘴次之，文丘里管最复杂。造价高低也与此相对应。实际上，在一般场合下，以采用孔板为最多。当要求压力损失较小时，可采用喷嘴、文丘里管等。在测量某些易使节流装置腐蚀、沾污、磨损、变形的介质流量时，采用喷嘴较孔板好。如被测介质是高温、高压的，则可选用孔板和喷嘴。文丘里管只适用于低压的流体介质。

节流装置在安装使用时，必须保证节流装置的开孔和管道的轴线同心，并使节流装置端面与管道的轴线垂直。在节流装置前后长度为两倍于管径的一段管道内壁上，不应有凸出物和明显的粗糙或不平现象。在节流装置的上、下游必须配置一定长度的直管。被测介质应充满全部管道并且连续稳定流动，在通过节流装置时应不发生相变。当被测流体的密度与标定用的流体密度不同时，应该进行修正。如果把节流装置和差压变送器以及显示仪表结合起来，可以实现远距离检测、指示、控制、记录等功能。

2.1.3.2　转子流量计

转子流量计采用的是恒压降、变节流面积的流量测量方法，而节流式流量计是在节流面积不变的条件下，以差压的变化来反映流量的大小，二者的原理是不同的。转子流量计具有结构简单、价格便宜、使用方便、能量损失较小等优点。对于小流量的测量，如果使用节流式流量计，测量精度不高，这时可以采用转子流量计进行测量。

转子流量计的工作原理如图 2-12 所示。转子流量计是由从下向上逐渐扩大的锥形管和置于锥形管中且可以沿管的中

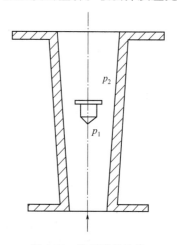

图 2-12　转子流量计的
工作原理图

心线上下自由移动的转子构成。被测流体从锥形管下端流入，流体的流动冲击转子，并对它产生一个作用力（作用力的大小随流量大小而变化）而将转子浮起。当流体对转子的动压力、转子在流体中的浮力和转子自身的重力平衡时，转子停留在一定的高度上，这样停留高度和流体流量就有了一定的对应关系，从而得到流体的流量。

转子流量计中转子的平衡条件是垂直向下的净重力（浮力和重力）和垂直向上的压力差相等，即

$$V(\rho_t - \rho_f)g = (p_1 - p_2)A \tag{2-2}$$

式中，V 为转子的体积；ρ_t 为转子材料的密度；ρ_f 为被测流体的密度；p_1、p_2 分别为转子前后的压力；A 为转子的最大横截面积；g 为重力加速度。

$$\Delta p = p_1 - p_2 = \frac{V(\rho_t - \rho_f)g}{A} \tag{2-3}$$

转子流量计流量方程可以仿照（节流）式流量计的基本方程得

$$Q = \varphi h \sqrt{\frac{2}{\rho_f}\Delta p} = \varphi h \sqrt{\frac{2}{\rho_f} \times \frac{V(\rho_t - \rho_f)g}{A}} = \varphi h \sqrt{\frac{2gV(\rho_t - \rho_f)}{\rho_f A}} \tag{2-4}$$

仪表厂家为了便于生产，转子流量计出厂前，在工业基准态（20℃，0.10133MPa）下用水或者空气进行刻度，在实际使用时，如果被测介质的密度和工作状态不同，必须对流量指示值进行修正。

对于液体，实际流量计算公式：

$$Q_f = Q_0 \sqrt{\frac{(\rho_t - \rho_f)\rho_w}{(\rho_t - \rho_w)\rho_f}} \tag{2-5}$$

式中 Q_f ——被测介质的实际流量；

Q_0 ——用水标定时的刻度流量；

ρ_f ——被测流体的密度，g/cm^3；

ρ_t ——转子材料的密度，g/cm^3；

ρ_w ——水的密度，g/cm^3。

例1 现用一只以水标定的转子流量计来测定苯的流量，已知转子材料是不锈钢，$\rho_t = 7.9g/cm^3$，苯的密度 ρ_f 为被测流体的密度＝0.83g/cm³。试问流量计读数为3.6L/s时，苯的实际流量是多少？

解： 对于液体，流量计算公式

$$Q_f = Q_0 \sqrt{\frac{(\rho_t - \rho_f)\rho_w}{(\rho_t - \rho_w)\rho_f}} = 3.6 \times \sqrt{\frac{(7.9 - 0.83) \times 1}{(7.9 - 1) \times 0.83}} \approx 4L/s \tag{2-6}$$

即苯的实际流量是4L/s。

对于气体，已知仪表显示刻度读数为 Q_0，要计算实际的流量时，可按下式进行修正。

$$Q_1 = Q_0 \sqrt{\frac{\rho_0}{\rho_1}} \times \sqrt{\frac{p_1}{p_0}} \times \sqrt{\frac{T_0}{T_1}} \tag{2-7}$$

式中 Q_1 ——被测介质的实际流量，m^3/h；

Q_0 ——按标准状态刻度显示的流量值，m^3/h；

ρ_1 ——被测流体在标准状态下的密度，kg/m^3；

ρ_0 ——校验用介质空气在标准状态下的密度，$1.293kg/m^3$；

p_1 ——被测介质的绝对压力，MPa；

p_0——工业基准态时的绝对压力，0.10133MPa；

T_0——工业基准态时的热力学温度，293K；

T_1——被测介质的热力学温度，K。

因为气体计量时，一般用标准立方米计。

例2 用转子流量计来测定温度为27℃、表压为0.16MPa的空气的流量，问转子流量计读数为38m³/h时，空气的实际流量是多少？

解： 对于气体，实际流量计算公式：

$$Q_1 = Q_0 \sqrt{\frac{\rho_0}{\rho_1}} \times \sqrt{\frac{p_1}{p_0}} \times \sqrt{\frac{T_0}{T_1}} = 38 \times \sqrt{\frac{1.293}{1.293}} \times \sqrt{\frac{0.26133}{0.10133}} \times \sqrt{\frac{293}{300}} \approx 60.3\text{m}^3/\text{h}$$

即空气的实际流量是60.3m³/h。

转子流量计在使用中必须垂直安装，流体介质自下而上地通过转子流量计，经特殊设计的转子流量计可以水平安装或上进底出垂直安装。开启流量阀门不应太快，否则转子会被冲到顶部撞碎玻璃管。若将转子流量计的转子与差动变压器的铁芯连接起来，使转子随流量变化的运动带动铁芯一起运动，那么，就可以将流量的大小转换成输出感应电势的大小。

2.1.3.3 涡轮流量计

涡轮流量计具有精度高、重复性好、结构简单、耐高压等优点。涡轮流量计输出信号为脉冲，易于数字化。涡轮流量计压力损失小，叶片能防腐，可以测量黏稠和腐蚀性的介质。

涡轮流量计的工作原理如图2-13所示。在流体的作用下，叶轮受力旋转，其转速与管道平均流速成正比。同时，叶片周期性地切割电磁铁产生的磁力线，改变线圈的磁通量，根据电磁感应原理，在线圈内将感应出周期性脉动的电势信号，即电脉冲信号，此电脉冲信号的频率与被测流体的流量成正比。

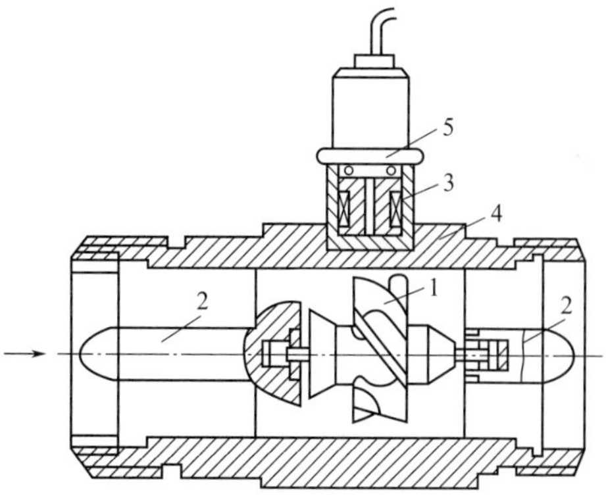

图2-13 涡轮流量计的工作原理

1—涡轮；2—导流器；3—磁电感应转换器；
4—外壳；5—前置放大器

安装时液体流动方向应与传感器外壳上指示流向的箭头方向一致，应远离外界磁场，如不能避免，应采取必要的措施。

2.1.3.4 椭圆齿轮流量计

椭圆齿轮流量计是容积式流量计的一种，它特别适合于重油、聚乙烯醇、树脂等黏度较高介质的流量测量。流量计主要是由壳体、计数器、椭圆齿轮和联轴器等组成。

工作原理如图2-14所示。当被测液体经管道进入流量计时，由进出口处产生的压力差推动一对齿轮连续旋转，不断地把吸入半月形容积内的液体从出口排出，当椭圆齿轮转动了1/4周的时候，其所排出的液体为一个半月形容积。所以，椭圆齿轮每旋转一周所排出的液

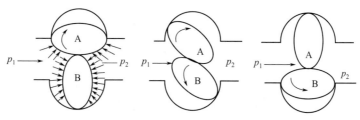

图2-14 椭圆齿轮流量计工作原理

体体积为半月形容积的 4 倍。所以通过椭圆齿轮流量计的液体的体积为

$$Q = 4nV_0$$

式中，n 为椭圆齿轮的转速；V_0 为半月形测量室容积。

液体的流量和椭圆齿轮的转速成正比关系，只要测出椭圆齿轮的转速，就可以知道液体的实际流量。

椭圆齿轮流量计适用于高黏度介质的流量测量，测量精度较高，压力损失较小，安装使用也较方便，但结构复杂，加工成本较高。椭圆齿轮流量计的入口端必须加装过滤器。椭圆齿轮流量计的使用温度有一定范围。

2.1.4 液位检测及仪表

液位是指容器内液体液面的高低，液位测定的目的是确定容器内液体的体积或者质量，液位测定对于生产过程有着重要的意义。液位计按其工作原理分为直读式、差压式、浮力式、电磁式、核辐射式、声波式、光学式等。这里介绍实验室几种常见的液位计。

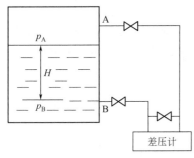

图 2-15 差压式液位计工作原理图

2.1.4.1 差压式液位计

差压式液位计是利用液位高度产生的静压实现测量的，其工作原理如图 2-15 所示。

将差压变送器的一端接液相，另一端接气相，则

$$p_B = p_A + H\rho g \tag{2-8}$$

因此可得

$$\Delta p = p_B - p_A = H\rho g \tag{2-9}$$

式中，H 为液位高度；ρ 为被测介质密度；g 为重力加速度；p_A、p_B 分别为 A、B 两个位置的压力。因压差和液位高度成正比，液位的测定问题就转变成了测量压差的问题了。

当用差压式液位计来测量液位时，若被测容器是敞口的，气相压力为大气压，则差压计的负压室通大气就可以了，这时也可以用压力计来直接测量液位的高低。若容器是受压的，则需将差压计的负压室与容器的气相相连接，以平衡气相压力 p_A 的静压作用。

2.1.4.2 浮球式液位计

浮球式液位计是利用浮力原理测量液位的，利用浮子升降的高度来反映液位的变化，其结构原理如图 2-16 所示。浮球式液位计由浮球、杠杆、连杆等组成，浮球根据排开液体体积相等原理而浮于液面，当容器的液位变化时浮球也随着上下移动，当液位上升时，带动浮球 1 上升，从而破坏了原有的力矩平衡状态，使杠杆 5 顺时针方向转动，转动轴 3 带动指针旋转，直到建立新的平衡态，根据指针的位置可以知道液位高低。如果安装位移-电气转换装置，把角位移信号转变成标准信号，可以实现远距离检测、指示、控制、记录等功能。

2.1.4.3 浮筒式液位计

浮筒式液位计是利用浸在液体中的浮筒测量液位的，利用浮筒升降的高度来反映液位的变化，其结构原理如图 2-17 所示。浸在液体中的浮筒受到重力、浮力和弹簧弹力的共同作用，当这三个力达到平衡时，浮筒就静止在某一位置。当浮筒一部分被液体浸没时，由于受到浮力作用而使浮筒上浮，在弹力的作用下，浮筒再一次受力平衡，静止在某一新位置，这样浮筒上移产生的位移和液位变化成比例，如果在浮筒的连杆上安装一个位移-电气转换装置，把位移信号转变成标准信号，可以实现远距离检测、指示、控制、记录等功能。

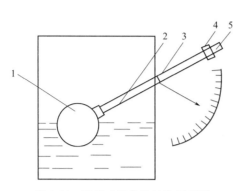
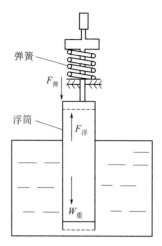

图 2-16　浮球式液位计结构原理图
1—浮球；2—连杆；3—转动轴；4—平衡重物；5—杠杆

图 2-17　浮筒式液位计结构原理图

2.1.4.4　磁翻转液位计

磁翻转液位计（也可称为磁性浮子液位计或者磁翻板液位计）根据浮力原理和磁性耦合作用原理工作。该仪表可用于各种塔、罐、槽、球形容器和锅炉等设备的介质液位检测。该系列的液位计可以做到高密封、防泄漏和适用于高温、高压、耐腐蚀的场合。它弥补了玻璃板（管）液位计指示清晰度差、易破裂等缺陷，且全过程测量无盲区，显示清晰、测量范围大，配上液位报警开关，可以实现报警功能，配上变送器，可以实现远距离检测、指示、控制、记录等功能。磁翻转液位计结构原理如图 2-18 所示。当被测容器中的液位升降时，管中的磁性浮子在浮力的作用下也随之升降，磁性浮子和磁翻柱产生同性磁极相斥、异性磁极相吸的作用力，使得磁翻柱红白两面翻转 180°，当液位上升时磁翻柱红色朝外，当液位下降时磁翻柱白色朝外，指示器的红白交界处为容器内部液位的实际高度。液位计安装必须垂直，以保证浮球组件在主体管内上下运动自如。液位计主体周围不容许有导磁体靠近，否则直接影响液位计工作。

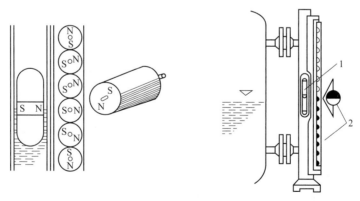

图 2-18　磁翻转液位计结构原理图
1—磁性浮子；2—磁翻柱

2.1.4.5　电容式液位计

电容式液位计可将各种物位、液位介质高度的变化转换成标准电流信号，远传至操作控制室，供二次仪表或计算机装置进行集中显示、报警或自动控制。电容式液位计适用于高温、高压、强腐蚀、易结晶、防堵塞、防冷冻等固体粉状和粒状物料。它可测量强腐蚀性介质、高温介质、密封容器等的液位，与介质的黏度、密度、工作压力无关。

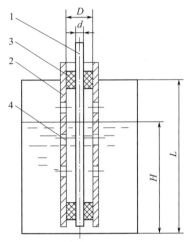

图 2-19　非导电介质的液位测量的
电容式液位传感器原理图
1—内电极；2—外电极；
3—绝缘套；4—流通小孔

通过测量电容量的变化可以用来检测液位，非导电介质液位测量的电容式液位传感器原理如图 2-19 所示。它是由内电极和同轴外电极组成，外电极上开了许多小孔，使液体能够流进电极之间，内外电极之间用绝缘套隔开，液位发生变化，电极之间的介电常数发生变化，引起电容量发生变化，根据电容量的变化可以得到液位高度。当液位为零时，仪表调整零点，其零点的电容为：

$$C_0 = \frac{2\pi\varepsilon_0 L}{\ln\dfrac{D}{d}} \tag{2-10}$$

式中，ε_0 为空气介电常数；D、d 分别为外电极内径及内电极外径。

当液位上升至 H 时，电容量变为：

$$C = \frac{2\pi\varepsilon H}{\ln\dfrac{D}{d}} + \frac{2\pi\varepsilon_0(L-H)}{\ln\dfrac{D}{d}} \tag{2-11}$$

电容量的变化为

$$C_X = C - C_0 = \frac{2\pi(\varepsilon-\varepsilon_0)H}{\ln\dfrac{D}{d}} = K_i H \tag{2-12}$$

因此电容量的变化与液位高度成比例，只要测出电容的变化就可以得到液位。$(\varepsilon-\varepsilon_0)$ 值越大，电容器两极间的距离越小，仪表越灵敏。

2.2　显示仪表

显示仪表是指凡能将生产过程中各种参数进行指示、记录或累积的仪表，工业中习惯称为二次仪表。按照显示方式分为模拟式显示仪表、数字式显示仪表和新型显示仪表。

2.2.1　模拟式显示仪表

模拟式显示仪表是以模拟量（如指针的转角、记录笔的移位等）来显示或记录被测值的一种自动化仪表，包括自动电子电位差计、电子自动平衡电桥两类。

2.2.1.1　自动电子电位差计

电位差计是用来测量直流电势或电位的，当它与热电偶配合时，可以用来测量和显示温度。温度、压力、流量、液位、成分等变送器都可以与之进行配套，用来指示这些相应的量。

自动电子电位差计主要由测量桥路、放大器、可逆电机、指示记录机构等组成，其原理图如图 2-20 所示。测量桥路是用来产生直流电压，使之与热电偶产生的热电势相平衡，所以在仪表中起主要作用。它由桥臂各电阻和稳压电源组成。放大器是将热电偶产生的热电势与测量桥路输出的电势比较后的差值信号进行放大，按一定的比例驱动可逆电机动作。可逆电机起执行机构的作用，带动滑动触点实现测量桥路的自动平衡，并能带动指针和记录笔动作。指示记录机构可将仪表测得的温度自动记录下来。

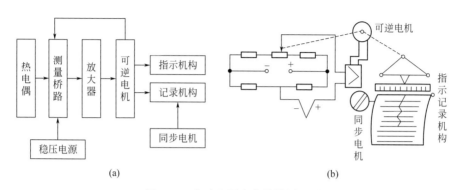

图 2-20　自动电子电位差计原理图

如果热电偶输入的电势与测量桥路中的电势不同，产生的电压差经放大器放大后输出，驱动可逆电机，使可逆电机带动和滑线电阻相接触的滑臂进行移动，从而改变滑线电阻的阻值，使测量桥路的电势与热电偶产生的热电势相等。当被测温度变化使热电偶产生新的热电势时，桥路又有新的电压差输出，再经放大器放大后，又驱动可逆电机转动，再次改变滑臂的位置，直到达到新的平衡为止。在滑臂移动的同时，带动指针和记录笔运动，从而达到自动指示和记录相应温度的目的。

2.2.1.2　电子自动平衡电桥

在电子自动平衡电桥的测量系统中，传感器的热电阻接入电桥，作为一桥臂，电桥在平衡状态时，两相对桥臂电阻值乘积相等。当被测温度改变时，热电阻发生变化，电桥失去平衡，电桥上下对角之间产生不平衡电压，经放大器放大后，又驱动可逆电机转动，再次改变滑臂的位置，直到达到新的平衡为止。在滑臂移动的同时，带动指针和记录笔运动，从而达到自动指示和记录相应温度的目的，如图 2-21 所示。

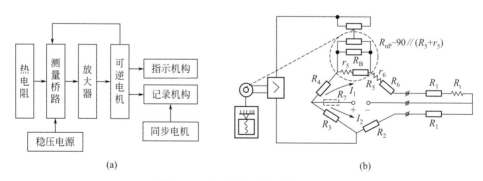

图 2-21　电子自动平衡电桥原理图

电子自动平衡电桥的测温元件热电阻在外形结构上和自动电子电位差计的测温元件热电偶十分相似，其放大器、可逆电机、同步电机及指示记录部分和自动电子电位差计都是完全相同的。电子自动平衡电桥的输入信号是电阻信号，测温元件热电阻是采用三线制接到桥路中，当仪表达到平衡时，测量桥路本身处于平衡状态。

2.2.2 数字式显示仪表

数字式显示仪表是能将被测的连续电量（模拟量）自动地变成断续量，然后进行数字编码，并将测量结果以数字显示的电测仪表，其特点是准确度、灵敏度高；读数方便、清晰直观、不会产生视差；测量速度快，从每秒几十次到每秒上百万次；仪表的量程和被测量的极性可自动转换；可自动检查故障、报警以及完成指定的逻辑程序；可以方便地实现多点测量；可以与电子计算机配合，给出一定形式的编码输出，所以数字式显示仪表得到了广泛应用。

同模拟式显示仪表一样，温度、压力、流量、液位、成分等变送器都可以与之进行配套，用来指示这些相应的量。

数字式显示仪表的分类方法很多，按输入信号分为电压型和频率型两大类；按功能分为数字显示仪、数字显示报警仪、数字显示输出仪、数字显示记录仪、数字显示报警输出记录仪等。

数字式显示仪表主要由信号变换、前置放大、非线性校正或开方运算、模/数（A/D）转换、标度变换、数字显示、电压/电流（V/I）转换及各种控制电路等部分组成。

信号变换电路是将生产过程中的工艺变量经过检测变送后的信号，转换成相应的电压或电流值；前置放大电路是将输入的微小信号放大至伏级电压信号；非线性校正电路是为了校正检测元件的非线性特性；开方运算电路是为了将差压信号转换成相应的流量值；A/D转换是将模拟量转换成断续变化的数字量；标度变换电路是进行比例尺的变更，使数显仪表的显示值和被测原始参数统一起来；数字显示部分是将被测数据以数字形式显示出来；V/I转换电路是将电压信号转换成直流电流标准信号；控制电路可以根据控制规律进行运算，输出控制信号。

2.2.3 新型显示仪表

新型显示仪表是以CPU为核心，采用液晶显示的记录仪，直接把记录信号转换成数字信号后，送到随机存储器保存，并在大屏液晶显示屏上显示。新型显示仪表原理方框图如图2-22所示。

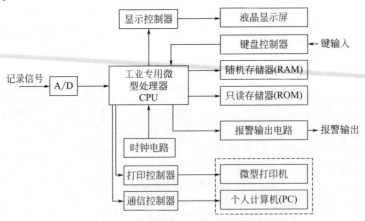

图 2-22　新型显示仪表原理方框图

新型显示仪表的特点是无纸、无笔、无墨水，无一切机械转动结构，无需日常维护；精度高，实时显示；液晶全动态显示，并有背光功能；输入信号多样化，并以工业专用微处理器CPU为核心，从而实现了高性能、多回路的监测，并可随意放大、缩小地显示在显示屏上；曲线及棒图显示；具有与上位机通信的标准，可靠性高，价格与一般记录仪相仿。

2.3 自动控制仪表

在化工生产过程中，对于生产中的温度、压力、流量、液位等参数，需要维持在一定的数值上，以满足生产要求。这就需要利用控制仪表（控制器）来实现自动操作。控制器的作用是将被控变量的测量值与给定值相比较，产生一定的偏差，并且根据该偏差进行一定的数学运算，并将运算结果以一定的信号形式送往执行器，以实现对于被控变量的自动控制。

控制器的输出信号与输入信号（偏差）之间的关系称为控制规律。控制器的基本控制规律有位式控制（其中以双位控制比较常用）、比例控制（P）、积分控制（I）、微分控制（D）以及它们的组合控制规律，如PI、PD、PID等比例控制控制器的输出与偏差成比例，阀门位置与偏差之间有一一对应关系，当负荷变化时，比例控制器克服干扰能力强，过渡过程时间短。纯比例控制器在过渡过程终了时存在余差，适用于控制通道滞后较小、负荷变化不大、工艺要求不高的系统。例如储罐的液面、精馏塔塔釜液位、不太重要的蒸汽压力的控制。积分作用使控制器输出与偏差的积分成比例，过渡过程结束时无余差，但使稳定性降低。在比例的基础上加上积分作用可以克服干扰，过渡过程时间短，适用于控制通道滞后较小、负荷变化不大、工艺参数不允许有余差的系统，例如流量、管道压力控制。微分作用使控制器的输出与偏差变化速度成比例，它对克服容量滞后有显著效果，在比例的基础上加上微分作用能提高稳定性，再加上积分作用可以消除余差，适用于容量滞后较大、负荷变化大、控制质量要求较高的系统，例如温度、pH值、成分的控制。

按控制仪表与自动控制系统中的检测、变送、显示等各部分的组合方式不同，主要可以分为基地式控制仪表与单元组合式控制仪表等。基地式控制仪表是将测量、变送、显示及控制等功能集于一身的一种控制仪表，结构比较简单，常用于单机控制系统。单元组合式控制仪表是把整套仪表按照其功能和使用要求，分成若干独立作用的单元，各单元之间用统一的标准信号联系。使用时，针对不同的要求，将各单元以不同的形式组合，可以组成各种各样的自动检测和控制系统。

在模拟式控制器中，所传送的信号形式为连续的模拟信号。模拟式控制器采用的是模拟技术，以运算放大器等模拟电子器件为基本部件，主要由比较环节、放大器和反馈环节构成。数字式控制器所传送的信号形式为数字信号，采用数字技术，以微处理机为核心部件。数字式控制器的主要特点是实现了模拟仪表与计算机一体化，具有丰富的运算控制功能，使用灵活方便，通用性强；具有通信功能，便于系统扩展；可靠性高，维护方便。数字式控制器由硬件电路与软件两大部分构成。数字式控制器的硬件电路包括主机电路、过程输入通道、过程输出通道、人机接口电路，以及通信接口电路等。数字式控制器的软件包括系统软件和用户软件。

2.4 执行器

执行器的作用是接收控制器的输出信号，直接控制能量或物料等，调节介质的输送量，达到控制温度、压力、流量、液位等工艺参数的目的。执行器按照能源形式分为气动执行器、电动执行器和液动执行器。

2.4.1　气动执行器

气动执行器是用气压力驱动启闭或调节阀门的执行装置。气动执行器由执行机构和控制阀（控制机构）两个部分组成。气动执行器的调节机构的种类和构造大致相同，主要是执行机构不同。根据控制信号的大小，产生相应的推力，推动控制阀门动作。控制阀是气动执行器的调节部分，在执行机构推力的作用下，控制阀产生一定的位移或转角，直接调节流体的流量。

气动执行器的结构如图 2-23 所示。气压信号由上部引入，作用在薄膜上，推动阀杆产生位移，改变了阀芯与阀座之间的流通面积，从而达到流量控制的目的。

执行机构主要分为薄膜式和活塞式。薄膜式执行机构结构简单、价格便宜、维修方便、应用广泛。活塞式执行机构推力较大，用于大口径、高压降控制阀或蝶阀的推动装置。

控制阀上部与执行机构连接，下部与阀座相连。由于阀芯在执行机构的作用下移动，改变了阀芯与阀座的流通面积，进而改变了流量。根据不同的使用要求，控制阀（控制机构）的结构形式主要有以下几种：直通单座控制阀，阀体内只有一个阀芯与阀座，结构简单、价格便宜、全关时泄漏量少，但是在压差大的时候，流体对阀芯上下作用的推力不平衡，这种不平衡力会影响阀芯的移动；直通双座控制阀，阀体内有两个阀芯和两个阀座，流体流过的时候，不平衡力小，但是容易泄漏；角形控制阀，角形阀的两个接管呈直角形，流路简单、阻力较小，适于现场管道要求直角连接，介质为高黏度、高压差和含有少量悬浮物和固体颗粒的场合；三通控制阀，共有三个出入口与工艺管道连接；隔膜控制阀，采用耐腐蚀衬里的阀体和隔膜，结构简单、流阻小，流通能力比同口径的其他种类的阀要大，不易泄漏、耐腐蚀性强，适用于强酸、强碱、强腐蚀性介质的控制，也能用于高黏度及悬浮颗粒状介质的控制；蝶阀（翻板阀）结构简单、重量轻、价格便宜、流阻极小，但是泄漏量大。球阀的节流元件是带圆孔的球形体或是一种 V 形缺口球形体，转动球体可起到控制和切断的作用，转动球心使 V 形缺口起节流和剪切的作用。

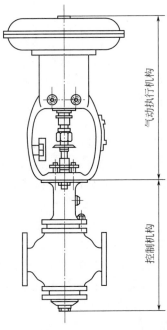

图 2-23　气动执行器结构示意图

2.4.2　电动执行器

电动执行器是电动控制系统中的一个重要组成部分。它把来自控制仪表的 0～10mA 或 4～20mA 的直流统一电信号，转换成与输入信号相对应的转角或位移，以推动各种类型的控制阀，从而达到连续控制生产工艺过程中的流量，或简单地开启和关闭阀门以控制流体的通断，达到自动控制生产过程的目的。

电动执行器工频电源取用方便，不需增添专门装置，对于执行器应用数量不太多的单位，更为适宜；与电动控制仪表配合方便，安装接线简单；在电源中断时，电动执行器能保持原位不动，不影响主设备的安全；动作灵敏、精度较高、信号传输速度快、传输距离可以很长，便于集中控制；体积较大、成本较高、结构复杂、维修麻烦，并只能应用于防爆要求不太高的场合。

电动执行器由电动执行机构和调节机构（控制阀）组成。电动执行机构根据其输出形式不同分为角行程电动执行机构、直行程电动执行机构和多转式电动执行机构。角行程电动执行机构以电压为动力，接收控制器的直流电流输出信号，并转变为 $0°\sim90°$ 的转角位移，以一定的机械转矩和旋转速度自动操纵挡板、阀门等调节机构，完成调节任务。直行程电动执行机构是以控制仪表的指令作为输入信号，使电动机动作，然后经减速器减速并转换为直线位移输出，去操作单座、双座、三通等各种控制阀和其他直线式调节机构，以实现自动调节的目的。

2.5 简单控制系统

简单控制系统是生产过程中控制最常见、应用最广泛、应用数量最多的控制系统。图2-24 是简单控制系统的方框图。简单控制系统是由检测变送装置、控制器、控制阀、执行器及被控对象组成的单闭环控制系统。检测变送装置的作用是检测被控变量的变化，并将它转换为一种特定的输出信号；控制器的作用是接收检测变送装置的测量信号，与给定值相比较得出偏差，并按某种运算规律算出结果送往执行器；控制阀通过自动地根据控制器送来的控制信号来改变操纵变量的数值，以达到控制被控变量的目的；被控对象是指需要控制其工艺参数的生产过程、设备或装置等。

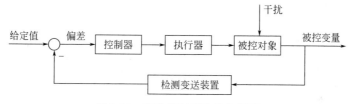

图 2-24　简单控制系统的方框图

简单控制系统的结构比较简单，所需的自动化装置数量少，投资低，易于调整和投运，操作维护也比较方便，而且在一般情况下，都能满足控制质量的要求，因而被广泛应用。

在图 2-25 的温度控制系统中，加热炉是被控对象，温度和燃料气流量是被控变量，控制阀就是执行器。

如果由于扰动而使温度升高，检测变送装置输入增加，检测变送装置输出也增加，也就是控制器的输入增加，由于控制器的作用，使控制器输出减小，也就是控制阀的输

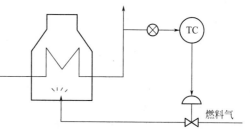

图 2-25　加热炉出口温度控制

入减小，根据所选择的控制阀的形式，控制阀会关小，减小了燃气量，从而温度降低，这样控制系统就克服了扰动，完成了控制过程。

3 管道、管件、阀门和流体输送装置简介

3.1 管道

管道是用管子、管子连接件和阀门等连接成的用于输送气体、液体或带固体颗粒的流体的装置。管道在我们的生产、生活中无处不在，尤其在化工原理实验中，有着大量的管道，所以了解这些管道的材质、用途、连接方式等基本知识是很有必要的。通常，流体经泵、鼓风机、压缩机和锅炉等增压后，从管道的高压处流向低压处，也可利用流体自身的压力或重力输送。管道的用途很广泛，主要用在给水、排水、供热、供煤气、长距离输送石油和天然气等各种工业装置中。管道是化工生产中不可缺少的部分，各种物料、蒸汽、水等都需要用管道来输送，设备之间也需要管道进行连接，管道在化工企业中占有较大比重。

管道分类很多，按材料分类：金属管道和非金属管道。按设计压力分类：真空管道、低压管道、高压管道、超高压管道。按输送温度分类：低温管道、常温管道、中温管道和高温管道。按输送介质分类：给排水管道、压缩空气管道、乙炔管道、氢气管道、氧气管道、热力管道、燃油管道、燃气管道、有毒流体管道、剧毒流体管道、酸碱管道、制冷管道、锅炉管道、净化纯气管道、纯水管道等。

管道的直径可分为外径（De）、内径（D）、公称直径（DN）等。公称直径 DN 是外径与内径的平均值。水、煤气输送钢管（镀锌钢管或非镀锌钢管）、铸铁管、钢塑复合管和聚氯乙烯（PVC）管等管材，应标注公称直径"DN"（如 $DN15$、$DN50$）。De 主要是指管道外径，PPR 管、PE 管、聚丙烯管外径一般采用 De 标注的，均需要标注成外径×壁厚的形式，例 $De25\times3$。无缝钢管、焊接钢管（直缝或螺旋缝）、铜管、不锈钢管等管材，管径宜以外径×壁厚表示（如 $De108\times4$、$De159\times4.5$ 等）。D 一般指管道内径。混凝土管、钢筋混凝土（或混凝土）管、陶土管、耐酸陶瓷管、缸瓦管等管材，管径宜以内径 D 表示（如 $D230$、$D380$ 等）。Φ 表示外径，但此时应在其后乘以壁厚。如：$\Phi25\times3$，表示外径为 25mm、壁厚为 3mm 的管材。对无缝钢管或有色金属管道，应标注"外径×壁厚"。例如 $\Phi108\times4$，Φ 可省略。

一般输送管网是由管道、管件、阀门、设备等组成。施工过程中管道的材质根据设计图纸的要求选用，常用的管道材质有金属管道、非金属管道和复合管道等。

常用的金属管道有钢管、有色金属管（比如空调系统的冷媒管一般采用紫铜管）、（球墨）铸铁管、不锈钢管等，具有以下特点。

① 钢管具有强度高、承受压力大、抗震性能好、质量轻、内外表面光滑、容易加工和安装等优点，但其耐腐蚀性差，对水质有影响，价格较高。钢管分焊接钢管和无缝钢管。焊接钢管用于输送低压水、煤气、空气、油和蒸汽等。按其表面是否镀锌可分为镀锌钢管和非镀锌钢管。无缝钢管具有承受高温和高压的能力，用于输送高压蒸汽、高温热水、易燃易爆及高压流体等介质。

② 铜管质量轻，经久耐用，具有良好的杀菌功能，可以对水体进行净化，主要用于输送饮用水、热水、民用天然气等。

③ 铸铁管分为给水铸铁管和排水铸铁管。给水铸铁管具有较高的承压能力及耐腐蚀性，使用期长，价格较低，质脆，管壁较薄，承口深度较小，施工不方便，但能耐腐蚀，适用于室内生活污水、雨水等管道。

常用的非金属管道有混凝土类管、塑料管等，具有以下特点。

① 混凝土管道是室外排水管道的主要管材，混凝土类管道包括：混凝土管、钢筋混凝土管、陶土管和石棉水泥管。采用混凝土类管道的介质一般是靠重力流动，不承受太大的压力，例如生活污水的排放等。

② 常用的塑料管道有聚氯乙烯管（PVC）、硬聚氯乙烯管（UPVC）、聚乙烯管（PE）、ABS工程塑料管。塑料管具有质量轻、耐压强度高、管壁光滑、耐化学腐蚀性能强、安装方便等优点；缺点是耐温度性能差，易老化，防火性能差。近年来给排水塑料管的应用取得了较大的进展，室外燃气管道也经常采用塑料管道。

常用的复合管道有铝塑复合管和钢塑复合管。复合管除具有塑料管的优点外，还具有耐压、轻度高、耐热、可挠曲、接口少、施工方便、美观等优点，多用作室内采暖、生活给水系统的户内管。

3.2 管件

为了输送液体或气体，必须使用各种管道，管道中除直管道用钢管以外，还要用到各种管配件：管道拐弯时必须用弯头，管道变径时要用大小头，分叉时要用三通，管道接头与接头相连接时要用法兰，为达到开启输送介质的目的，还要用各种阀门，为减少热胀冷缩或频繁振动对管道系统的影响，还要用膨胀节。此外，在管路上，还有与各种仪器仪表相连接的各种接头、堵头等。我们习惯将管道系统中除直管以外的其他配件统称为管配件。

管件是管道系统中起连接、控制、变向、分流、密封、支撑等作用的零部件的统称。管件是将管子连接成管路的零件，管件的种类很多，包括的范围很广，这里根据用途、材料、连接方式进行分类。

管件按用途分，有多种类型。用于管子互相连接的管件有：法兰（图3-1）、活接（图3-2）、管箍、夹箍、卡套、喉箍、冷拔焊接三通等；改变管子方向的管件：弯头（图3-3）、弯管；改变管子管径的管件：变径（图3-4）、支管台、异径弯头、补强管；增加管路分支的管件：三通（图3-5）、四通（图3-6）；用于管路密封的管件：管堵（图3-7）、生料带、垫片、线麻、法兰盲板、盲板、封头、焊接堵头；用于管路固定的管件：管卡（图3-8）、卡环、拖钩、吊环、支架、托架等。

图 3-1　法兰

图 3-2　活接

图 3-3　弯头

图 3-4　变径

图 3-5　三通

图 3-6　四通

图 3-7　管堵

图 3-8　管卡

法兰：管子与管子之间相互连接的零件，用于管端之间的连接，也有用在设备进出口上的法兰。弯头：用于管道拐弯处的连接，改变管路方向的管件。三通：为管件、管道连接件，用在主管道的分支管处。四通：用来连接四根公称通径相同并成垂直相交的管子。管堵：装在管端内螺纹上，用来封闭管路。管卡：用于管路固定的管件，水暖安装中常用的一种管件，用于固定管道。变径：又称大小头，是化工管件之一，用于两种不同管径的连接，又分为同心大小头和偏心大小头。生料带：水暖安装中常用的一种辅助用品，用于管件连接

化工原理实验

处，增强管道连接处的密闭性。

管件按材料分为铸钢管件、铸铁管件、不锈钢管件、锻钢管件、合金管件、石墨管件、塑料管件、橡胶管件、PPR 管件、PE 管件、ABS 管件、PVC 管件等。

管件按连接分为焊接管件、螺纹管件、卡套管件、承插管件、热熔管件、胶圈连接式管件。焊接管件：用焊接的方法与管子连接的管道配件，包括弯头、法兰盘、三通、异径管、封头等产品。螺纹管件：是带螺纹的管件，常用于水煤气管、小直径水管、压缩空气管和低压蒸汽管等。卡套管件：带有尖锐内刃的卡套，由起压紧作用的螺母组成，适用于油、气及一般腐蚀介质的管路系统。承插管件：主要是由圆钢或钢锭模压锻造毛坯成型，然后经车床机加工成型的一种高压管道连接配件。热熔管件：用热熔机加热安装的管件。胶圈连接式管件：由管件主体、密封端盖、密封橡胶圈组合而成。

3.3 阀门

阀门是流体输送系统中的控制部件，在流体系统中，用来控制流体的方向、压力、流量的装置，具有截止、调节、导流、防止逆流、稳压、分流或溢流泄压等功能。

阀门按作用和用途分为截断类、止回类、安全类、调节类、分流类、特殊用途类。

截断类：如闸阀、截止阀、旋塞阀、球阀、蝶阀、针形阀、隔膜阀等。截断类阀门又称闭路阀、截止阀，其作用是接通或截断管路中的介质。

止回类：如止回阀，又称单向阀或逆止阀，属于一种自动阀门，其作用是防止管路中的介质倒流、防止泵及驱动电机反转，以及容器介质的泄漏。水泵吸水关的底阀也属于止回阀类。

安全类：如安全阀、防爆阀、事故阀等。安全阀的作用是防止管路或装置中的介质压力超过规定数值，从而达到安全保护的目的。

调节类：如调节阀、节流阀和减压阀，其作用是调节介质的压力、流量等参数。

分流类：如分配阀、三通阀、疏水阀，其作用是分配、分离或混合管路中的介质。

特殊用途类：如清管阀、放空阀、排污阀、排气阀、过滤器等。排气阀是管道系统中必不可少的辅助元件，广泛应用于锅炉、空调、石油、天然气、给排水管道中，一般安装在制高点或弯头等处，排出管道中的多余气体、提高管道使用效率及降低能耗。

按工作温度可分为超低温阀、低温阀、常温阀、中温阀、高温阀。超低温阀：用于介质工作温度 $t<-101℃$ 的阀门。低温阀：用于介质工作温度 $-101℃≤t≤-29℃$ 的阀门。常温阀：用于介质工作温度 $-29℃<t<120℃$ 的阀门。中温阀：用于介质工作温度 $120℃≤t≤425℃$ 的阀门。高温阀：用于介质工作温度 $t>425℃$ 的阀门。

按公称压力分为真空阀、低压阀、中压阀、高压阀、超高压阀、过滤器。真空阀：指工作压力低于标准大气压的阀门。低压阀：指公称压力 $PN≤1.6MPa$ 的阀门。中压阀：指公称压力 PN 为 2.5MPa、4.0MPa、6.4MPa 的阀门。高压阀：指工称压力 PN 为 10.0～80.0MPa 的阀门。超高压阀：指公称压力 $PN≥100.0MPa$ 的阀门。过滤器：指公称压力 PN 为 1.0MPa、1.6MPa 的阀门。

阀门根据材质还分为铸铁阀门、铸钢阀门、不锈钢阀门、铬钼钢阀门、铬钼钒钢阀门、双相钢阀门、塑料阀门、非标订制阀门等。

按原理、作用和结构划分，是目前国际、国内最常用的分类方法，一般分球阀（图3-9）、蝶阀（图 3-10）、截止阀（图 3-11）、闸阀（图 3-12）、隔膜阀、疏水阀、节流阀、调节阀（图 3-13）、止回阀、仪表阀、柱塞阀、旋塞阀、减压阀、安全阀、底阀、过滤器、排污阀等。

图 3-9　球阀

图 3-10　蝶阀

图 3-11　截止阀

图 3-12　闸阀

图 3-13　调节阀

　　球阀是用带有圆形通道的球体作启闭件，启闭件（球体）由阀杆带动，绕垂直于通道的轴线旋转，从而达到启闭通道的目的。通常认为球阀最适宜直接作开闭使用，但近来的发展已将球阀设计成使它具有节流和控制流量之用，具有维修方便、流体阻力小、耐磨、密封性能好、开关轻、使用寿命长等优点，适用于水、溶剂、酸和天然气等一般工作介质，而且还适用于工作条件恶劣的介质，如氧气、过氧化氢、甲烷和乙烯等。

　　蝶阀又叫翻板阀，是一种结构简单的调节阀。蝶阀启闭件是一个圆盘形的蝶板，在阀体内绕其自身的轴线旋转，旋转角度为 0°～90°之间，旋转到 90°时，阀门处于全开状态。蝶阀适用于发生炉、煤气、天然气、液化石油气、城市煤气、冷热空气、化工冶炼和发电环保等工程系统中输送各种腐蚀性及非腐蚀性流体介质的管道，用于调节和截断介质的流动。

　　截止阀是使用最广泛的一种阀门，开闭过程中密封面之间摩擦力小，比较耐用，开启高度不大，制造容易，维修方便，不仅适用于中低压，而且适用于高压。截止阀的原理是，依靠阀杆压力，使阀瓣密封面与阀座密封面紧密贴合，阻止介质流通。由于该类阀门的阀杆开启或关闭行程相对较短，而且具有非常可靠的切断功能，又由于阀座通口的变化与阀瓣的行程成正比例关系，非常适合于对流量的调节。因此，这种类型的阀门非常适合作为切断或调节以及节流用。但是由于流体阻力大，开启和关闭时所需力较大，不适用于带颗粒、黏度较大、易结焦的介质。

　　闸阀的启闭件是闸板，闸板的运动方向与流体方向垂直，闸阀只能作全开和全关，不能作调节和节流。闸阀用于截断或接通管路中的介质，选用不同的材质，可分别适用于水、蒸汽、油品、硝酸、乙酸、氧化性介质、尿素等多种介质。大部分闸阀要依靠外力强行将闸板压向阀座，以保证密封面的密封性。闸阀的流动阻力小，阀体内部介质通道是直通的，介质呈直线流动，流动阻力小，结构紧凑，阀门刚性好，通道流畅。但密封面之间易引起冲蚀和擦伤，维修比较困难。单阀外形尺寸较大，开启需要一定的空间，开闭时间长，结构较复杂。

调节阀又名控制阀，在工业自动化过程控制领域中，通过接收调节控制单元输出的控制信号，借助动力操作去改变介质温度、压力、流量、液位等工艺参数的最终控制元件。一般由执行机构和阀门组成。调节阀适用于空气、水、蒸汽、各种腐蚀性介质、泥浆、油品等介质。

3.4 流体输送装置

在化工生产过程中，流体输送是最常见的，甚至是不可缺少的单元操作。流体输送装置就是向流体做功以提高流体机械能的装置，因此流体经输送机械后即可获得能量，以用于克服流体输送沿程中的机械能损失，提高位能以及提高液体压强（或减压等）。通常，将输送液体的机械称为泵；将输送气体的机械按其产生的压力高低分别称为通风机、鼓风机、压缩机和真空泵。

3.4.1 液体输送装置

将电动机或其他原动机的能量传递给被输送的流体，以提高流体的能位（即单位流体所具有的机械能）。流过的单位流体得到的能量大小是流体输送机械的重要性能，用扬程或压头来表示液体输送机械使单位重量液体所获得的机械能。

离心泵结构如图 3-14 所示，离心泵叶轮由电动机或其他原动机驱动做高速旋转。液体受叶轮上叶片的作用而随之旋转。由于惯性离心力作用，液体由叶轮中心流向外缘，在流动过程中同时获得动能和压力能，动能的大部分又在蜗形泵壳中转化为压力能。

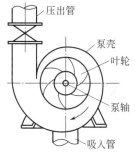

图 3-14 离心泵结构

根据泵内的叶轮数，离心泵可分为单级泵和多级泵。单级泵只有一个叶轮，产生的压头较小。多级泵则在同一轴上安装多个叶轮，液体依次通过各叶轮，因而产生的压头较高。离心泵的效率虽稍低于容积式泵，但其结构简单，流量和压头适用范围大，振动小，操作简便。若结构和材料作适当设计和选择，可用于输送具有腐蚀性、含固体悬浮物或黏度较高的各种液体，应用最广。

3.4.2 气体输送装置

常根据进出口气体的压力差，即出口压力的表压或压缩比（出口气体的绝对压力与进口气体的绝对压力之比）来分类；也可根据结构和作用原理分类。

离心通风机、离心鼓风机和离心压缩机的结构和作用原理与离心泵相似。离心通风机的风压低，通常只具有一个叶轮，离心鼓风机则往往是多级的。通风机和鼓风机的压缩比小，不需要冷却装置，离心压缩机的压缩比大，机器转速很高，叶轮数也多，而且还设置中间冷却器，将经过几级叶轮压缩的气体冷却，以减少功耗。与往复压缩机相比，离心压缩机的加工要求较高，工作效率稍低，仅适于大气量；但它具有体积小、重量轻、运转平稳、调节容易、维修方便和气体不受润滑油污染等优点，应用日趋广泛。靠高速回转叶轮对气体做功的还有轴流式通风机，其特点是风压小，风量大，主要用于通风换气，如用在凉水塔、空气冷却器中。

3.4.2.1　旋涡气泵

旋涡气泵是高压鼓风机的一种，也叫环形风机，如图 3-15 所示。旋涡气泵的叶轮由数片叶片组成，类似庞大的气轮机的叶轮。叶轮叶片中间的空气旋涡气泵受到离心力的作用，向叶轮的边缘运动，在那里空气进入泵体环形空腔，重新从叶片的起点以同样的方式再进行循环。叶轮旋转所产生的循环气流，以极高的能量离开气泵以供使用。气泵体积小、重量轻、噪声低、送出气源无水无油。

图 3-15　旋涡气泵

3.4.2.2　空气压缩机

空气压缩机是一种用以压缩气体的设备。空气压缩机与水泵构造类似。大多数空气压缩机是往复活塞式旋转叶片或旋转螺杆，如图 3-16 所示，由电动机直接驱动压缩机，使曲轴产生旋转运动，带动连杆使活塞产生往复运动，引起气缸容积变化。由于气缸内压力的变化，通过进气阀使空气经过空气滤清器（消声器）进入气缸，在压缩行程中，由于气缸容积的缩小，压缩空气经过排气阀的作用，经排气管、单向阀（止回阀）进入储气罐。

图 3-16　空气压缩机

4　实验常用仪器操作

4.1　液体比重天平

4.1.1　液体比重天平简介

PZ-A-5 型液体比重天平属于测定相对密度的一种韦氏比重天平（即韦氏比重秤），相对密度系指在共同特定条件下（如同一温度等），某物质的密度与参考物质（水）的密度之比。本比重天平在 20℃时相对密度为 1。PZ-A-5 液体比重天平一般用于易挥发液体相对密度的测定。

韦氏比重秤由玻璃测锤、横梁、支柱与玻璃圆筒等部分构成。

4.1.2　工作原理

比重天平有一个标准体积（5cm³）与重量的玻璃测锤，浸没于液体之中，由于受到浮力而使横梁失去平衡，然后在横梁的 V 形槽里放置相应重量的骑码，使横梁恢复平衡，从而能迅速测得液体的相对密度。

4.1.3　使用方法

4.1.3.1　实验操作前的准备

① 先将测锤和玻璃量筒用纯水或酒精洗净并晾干或擦干，然后将 20℃时相对密度为 1 的韦氏比重秤安放在操作台上，旋松支柱紧固螺钉，将托架升至适当高度后拧紧螺钉，横梁置于托架玛瑙座上。

② 将等重砝码挂于横梁右端之小钩上，调整水平调节螺钉，使横梁与支架指针尖成水平，以示平衡。如无法调节平衡时，将平衡调节器上的小螺钉松开，然后略微转动平衡调节器，直到平衡为止。

③ 将等重砝码取下，换上玻璃测锤，此时必须保持平衡（允许有 ±0.0005g 的误差），否则应予以校正。如果天平灵敏度太高则将重心调节器旋低，反之旋高，一般不必旋动重心调节器。

④ 用水校正。取洁净的玻璃圆筒将新煮沸过的冷水装至八分满，置 20℃（或各该药品项下规定的温度）的水浴中，搅动玻璃圆筒的水调节温度至 20℃，将悬于秤端的玻璃

测锤浸入圆筒的水中，秤臂右端悬挂游码于 1.0000 处，调节天平臂左端平衡，用螺钉使之平衡。

4.1.3.2 样品的测试

① 将玻璃圆筒内的水倾去，擦拭干净，装入待测液体至相同的高度，并用上述相同的方法调节温度后，再把擦拭干的测锤浸入待测液体中央，调节秤臂上游码的数量与位置使平衡，读取数位到小数点后 4 位，即为测试品的相对密度。

② 如使用的比重秤系 4℃时相对密度为 1，则水校正时的游码应悬挂于 0.9982 处，并用在 20℃测的数值除以 0.9982。如果测定温度为其他温度时，则用水校准时的游码应悬挂于该温度水的密度处，并应将测定温度下测得的数值除以该温度下水的密度。

4.1.3.3 韦氏比重秤的读数与记录

记录应包括测定的温度、韦氏比重秤的型号、读取数值等，读取数值方法如表 4-1 所示。

表 4-1　比重读取方法

项　　目	参　　数			
放在小钩上与 V 形槽上砝码质量	5g	500mg	50mg	5mg
V 形槽第 10 位代表数	1	0.1	0.01	0.001
V 形槽第 9 位代表数	0.9	0.09	0.009	0.0009
V 形槽第 8 位代表数	0.8	0.08	0.008	0.0008
……	…	…	…	…

例如，所加骑码 5g、500mg、50mg、5mg 在横梁 V 形刻度槽位置分别为第 9 位、第 6 位、第 2 位和第 4 位，即可读出被测液体的相对密度值为 0.9624，读数的方法是按骑码从大到小的顺序读出 V 形槽刻度，即为相对密度。

4.1.4　使用注意事项

① 分清比重秤的型号（20℃时相对密度为 1，4℃时相对密度为 1 的韦氏比重秤）。

② 可以通过测锤表中的温度计直接读取摄氏温度。

③ 各种骑码的关系皆为十进位。

④ 经常使用时，要定期进行清洁和计算性能检查。

⑤ 当天平要移动位置时，应把易于分离的零部件及横梁等卸下，移动后重新装好，以免损坏横梁的刀口。

⑥ 骑码要用镊子夹取，不可用手触碰，取放骑码要轻，避免损害玛瑙刀口。

4.2　电子天平

4.2.1　电子天平简介

电子天平的结构示意图如图 4-1 所示，主要技术参数如表 4-2 所示。

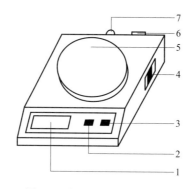

图 4-1 电子天平结构示意图

1—显示窗；2—校正键；3—去皮键；4—电源开关；5—秤盘；6—电源插座；7—保险丝座

表 4-2 主要技术参数

最大称量	分辨率	去皮范围	供电	使用温度	使用湿度
1000g	0.1g	1000g	220V±10%	0~40℃	≤80% RH

4.2.2 电子天平的使用方法

① 接通电源，打开开关，显示窗显示"F----0"到"F----9"，稳定一段时间后出现"0"，接下来应通电预热 3min，刚开机时显示有所漂移属正常现象，一段时间后即可稳定。

② 如果在空秤盘情况下显示偏离零点，应按"去皮"（TARE）键使显示值回到"0"。

③ 如果天平已较长时间未使用或刚购入，则应对天平进行校正。首先在空秤盘的情况下使天平充分预热（15min 以上），然后按"校正"（CAL）键，显示窗显示"C－XXX－"进入自动校正状态（XXX 为应放校准砝码的质量），此时只需将校准砝码放于秤盘上，待稳定后天平显示砝码的质量值，校正即完毕，可进行正常称量。如按"校正"键显示"C--F"，则表示零点不稳定，可重新按"去皮"键使显示回到"0"，再按"校正"键进行校正。

④ 如被称物件质量超出天平称量范围，天平将显示"F----H"以示警告。

⑤ 如需去除器皿皮重，则先将器皿放于秤盘上，待示值稳定后按"去皮"（TARE）键，天平显示"0"，然后将需称重物品放于器皿上，此时显示的数字为物品的净重，拿掉物品及器皿，天平显示器皿质量为负值，仍按"去皮"键使显示回到"0"。

4.2.3 电子天平的使用注意事项

① 电子天平为精密仪器，称重时物件应小心轻放。

② 天平的工作环境应无大的振动及电源干扰，无腐蚀性气体及液体。

③ 应保证通电后的预热时间。

④ 电子天平在电源干扰特别大的场合使用时，内部存储的数据偶尔会被干扰并丢失，电子天平在开机时会显示"F----6"，此时可以用手按住"校正"键不放，同时重新开机，直到显示停在"F----3"时才放开，待显示停在"--XX--"时关机，再开机一般可恢复正常，然后再按前述方法校正一次即可。

4.3 阿贝折光仪

4.3.1 阿贝折光仪简介

阿贝折光仪是测透明、半透明液体或固体的折射率 n_D 和平均色散 $n_F \sim n_C$ 的仪器（其中以测试透明液体为主）。使用时配有恒温水浴槽，可测定温度为 $0 \sim 70℃$ 内的折射率 n_D。折射率测量范围为 $1.3000 \sim 1.7000$，测量精度可达 ± 0.0003。其结构如图 4-2 所示。

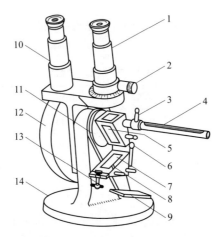

图 4-2　阿贝折光仪结构示意图

1—测量目镜；2—阿米西棱镜手轮；3—恒温器接头；4—温度计；5—测量棱镜；6—铰链；

7—辅助棱镜；8—加样品孔；9—反射镜；10—读数镜筒；11—转轴；

12—刻度盘罩；13—棱镜锁紧扳手；14—底座

4.3.2 工作原理

4.3.2.1 折射现象和折射率

当一束光从一种各向同性的介质 m 进入另一种各向同性的介质 M 时，不仅光速会发生改变，如果传播方向不垂直于界面，还会发生折射现象，如图 4-3 所示。

光线在真空中的速度（$v_{真空}$）与在某一介质中的速度（$v_{介质}$）之比定义为该介质的折射率，它等于入射角 α 与折射角 β 的正弦之比，即：

$$n_\lambda^t = \frac{v_{真空}}{v_{介质}} = \frac{\sin\alpha}{\sin\beta}$$

在测定折射率时，一般光线都是从空气中射入介质中，除精密工作以外，通常都是以空气作为近似真空标准状态，

图 4-3　光在不同介质中的折射

故常以空气中测得的折射率作为某介质的折射率，即：

$$n_\lambda^t = \frac{v_{空气}}{v_{介质}} = \frac{\sin\alpha}{\sin\beta}$$

物质的折射率随入射光的波长 λ、测定时的温度 t 及物质的结构等因素而变化，所以，

在测定折射率时必须注明所用的光线和温度。当 λ、t 一定时，物质的折射率是一个常数。例如 $n_D^{20} = 1.3611$ 表示入射光波长为钠光 D 线（$\lambda = 589.3\text{nm}$）、温度为 20℃ 时，介质的折射率为 1.3611。

由于光在任何介质中的速度均小于它在真空中的速度，因此，所有介质的折射率都大于 1，即入射角大于折射角。

4.3.2.2 阿贝折光仪测定液体介质折射率的原理

阿贝折光仪是根据临界折射现象设计的，如图 4-4 所示。入射角 $\alpha_i = 90°$ 时，折射角 β_i 最大，称临界折射角。如果从 0° 到 90°（α_i）都有单色光入射，那么从 0° 到临界角 β_i 也都有折射光。换言之，在临界角以内的区域均有光线通过，该区是亮的，而在临界角 β_i 以外的区域，由于折射光线消失而没有光线通过，故该区是暗的，两区将有一条明暗分界线，由分界线的位置可测出临界角 β_i。当 $\alpha_i = 90°$，$\beta = \beta_i$ 时，

$$n_\lambda^t = \frac{\sin 90°}{\sin \beta_i} = \frac{1}{\sin \beta_i}$$

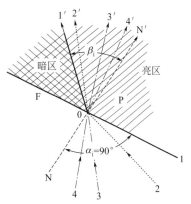

图 4-4 阿贝折光仪的临界折射

4.3.3 使用方法

4.3.3.1 准备工作

① 测定之前，必须先用标准试样进行校对。在折射棱镜的抛光面加 1～2 滴溴化萘，再贴上标准试验的抛光面，当读数视场指示于标准试样上标示值时，观察望远镜内明暗分界线是否在十字线中间，若有偏差则用螺丝刀微量旋转图 4-2 中的小孔内的螺钉，带动物镜偏摆，使分界线位移至十字线中心。通过反复的观察与校正，使示值的起始误差降到最小（包括操作者的瞄准误差）。此后，在测定过程中不允许随意再动此部位。

② 每次测定工作之前及校准时，必须将进光棱镜的毛面、折射棱镜的抛光面和标准试验的抛光面，用丙酮（或者乙醇：乙醚＝3：7 的混合物）和脱脂棉花轻轻擦拭干净，以免留有其他物质，影响测定的精确度。

4.3.3.2 加样

松开锁钮，开启辅助棱镜，使其磨砂的斜面处于水平位置，用滴管加少量丙酮清洗镜面，促使难挥发的沾污物逸走，用滴管时注意勿使管尖碰撞镜面。必要时可用擦镜纸轻轻吸干镜面，但切勿用滤纸。待镜面干燥后，滴加数滴试样于辅助棱镜的毛镜面上，闭合辅助棱镜，旋紧锁钮。若试样易挥发，则可在两棱镜接近闭合时从加液小槽中加入，然后闭合两棱镜，锁紧锁钮。

4.3.3.3 对光

转动手柄，使刻度盘标尺上的示值为最小，再调节反射镜，使入射光进入棱镜组，同时从测量望远镜中观察，使视场最亮。调节目镜，使视场准丝最清晰。

4.3.3.4 粗调

转动手柄，使刻度盘标尺上的示值逐渐增大，直至观察到视场中出现彩色光带或黑白临界线为止。

4.3.3.5 消色散

转动消色散手柄，使视场内呈现一个清晰的明暗临界线。

4.3.3.6　精调

转动手柄，使临界线正好处在 X 形准丝交点上，若此时又呈微色散，必须重调消色散手柄，使临界线明暗清晰。（调节过程中在右边目镜看到的图像变化见图4-5）。

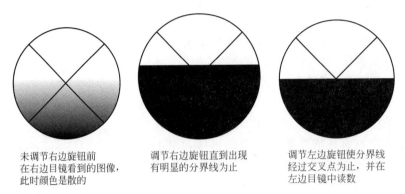

未调节右边旋钮前
在右边目镜看到的图像，
此时颜色是散的

调节右边旋钮直到出现
有明显的分界线为止

调节左边旋钮使分界线
经过交叉点为止，并在
左边目镜中读数

图 4-5　阿贝折光仪的明暗分界

4.3.3.7　读数

为保护刻度盘的清洁，现在的折光仪一般都将刻度盘装在罩内，读数时先打开罩壳上方的小窗，使光线射入，然后从读数望远镜中读出标尺上相应的示值。由于眼睛在判断临界线是否处于准丝交点上时，容易疲劳，为减少偶然误差，应转动手柄，重复测定三次，三个读数相差不能大于 0.0002，然后取其平均值。试样的成分对折射率的影响是极其灵敏的，由于沾污或试样中易挥发组分的蒸发，致使试样组分发生微小的改变，会导致读数不准，因此测一个试样应重复取三次样，测定这三个样品的数据，再取其平均值。

4.3.3.8　仪器校正

折光仪的刻度盘上的标尺的零点有时会发生移动，需加以校正。校正的方法是用一种已知折射率的标准液体，一般是用纯水，按上述方法进行测定，将平均值与标准值比较，其差值即为校正值。纯水的 k_{ij} 在 15℃ 到 30℃ 之间的温度系数为 $-0.0001/℃$。在精密的测定工作中，需在所测范围内用几种不同折射率的标准液体进行校正，并画出校正曲线，以供测试时对照校核。

4.3.4　阿贝折光仪的校正步骤

折光仪在使用过程中要定期进行校正，校正可采用标准玻璃或已知折射率的液体（如蒸馏水）作标准。用蒸馏水校正很方便，其操作步骤如下：

① 用注射器将蒸馏水从样品室侧面的小孔注入样品室内，然后旋紧锁钮。

② 从温度计上读出温度示值，并从表4-3中查出此温度时的折射率。

表 4-3　蒸馏水在不同温度时的折射率

温度/℃	折　射　率	温度/℃	折　射　率
19	1.33307	25	1.33253
20	1.33299	26	1.33242
21	1.33290	27	1.33231
22	1.33281	28	1.33220
23	1.33272	29	1.33208
24	1.33263	30	1.33196

③ 转动手轮，使读数法线所指的刻度值恰为水的折射率。

④ 转动手轮，使望远镜筒视场中见到最清晰的黑白分界线。此时若黑白分界线不在斜十字线的交点上，则用仪器附件——小方榫调节镜筒上的示值调节螺钉，使黑白分界线恰好在斜十字线的交点上。

⑤ 前后转动手轮，再还原，复核无误后，取下小方榫，校正结束。

4.3.5 阿贝折光仪的使用注意事项

① 每一试样应连续读取三个读数，取平均值。方法是：读一个数后，转动手轮，使分界线离开斜十字线的交点，然后还原再读一个数。如此向上、向下各转动一次后再还原，共读三个数。

② 每次测定前，都需用丙酮擦拭，并等干燥后才能进行测试。测定结束后，也同样要擦拭干净。通恒温水部分的积水要倒尽或用滤纸吸干、擦净。最后在上、下棱镜之间夹入擦镜纸后收藏。

③ 要注意保持折射仪的清洁，严禁污染光学零件，必要时可用干净的擦镜纸或脱脂棉轻轻地擦拭。

4.4 变频器

在化工原理实验中经常要用到离心泵，对于离心泵流量的调节可以通过调节离心泵的转速来实现，因而在流体综合实验中用到的离心泵，就涉及离心泵转速的调节，可通过变频器来实现。一般无需对电机进行复杂的控制，故不需要改变变频器的内部参数，只需要在控制面板上即可实现对电机及变频器的普通操作。

4.4.1 变频器的基本原理

变频器调速基本原理可由式(4-1)进行分析：

$$n = 60f/[p(1-s)] \tag{4-1}$$

式中　n——电机转速；

　　　f——供电电源频率；

　　　p——电机极对数；

　　　s——电机转差率。

由式(4-1)可见，如果均匀地改变电动机定子供电频率 f，可以平滑地改变电动机的同步转速。实际上，在改变 f 的同时，还需保证电机输出力矩不变，因此在电机调速过程中，应保证输入电压与频率的比为一常数。改变 f 的调速属于 s 不变、同步转速和电机理想转速同步变化情况下的调速。所以变频调速的调速精度、功率因数和效率都很高，易于实现闭环自动控制。

变频器的工作原理如图 4-6 所示，380V、50Hz 三相电在变频器内经整流器变成直流电源，再通过受控逆变器，转化为频率与电压比值为定值的变频电源。在变频器中，采用PWM调制技术使变频器输出电流波形近似正弦波，其外控信号为 4~20mA 或 0~10V 的直流信号，改变其大小，就可改变变频器输出的电压及频率，从而改变电动机的转速。

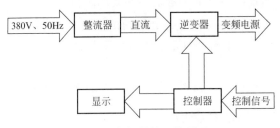

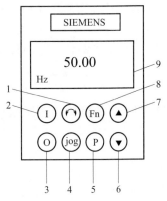

$$380V、50Hz \rightarrow 整流器 \rightarrow 直流 \rightarrow 逆变器 \rightarrow 变频电源$$

图 4-6　变频器的工作原理

4.4.2　变频器面板说明

图 4-7 为变频器面板示意图。

4.4.3　变频器简易操作步骤

① 电机的参数已经输入变频器内部的记忆芯片中，因此，启动变频器时无需对水泵或风机的参数进行设置。

② 流体阻力和离心泵联合实验、沸腾干燥实验需使用变频器。实验采用远程控制模式，即通过计算机控制变频器。正常实验时，除了在计算机上改变变频器的频率外，其他有关变频器的参数均已设置好，无需更改。若因特殊情况需更改参数，必须经过实验指导教师同意并经过培训后方可操作。更改时，需将变频器参数 P0700 和 P1000 设为 5。具体操作如下：按 P 键，数码管显示 P0000，按 ▲ 键直到显示为 P0700，按 P 键显示旧的设定值，按 ▲ 或 ▼ 键直到显示为 5，按 P 键将新的设定值写入变频器，数码管显示 P0700；按 ▲

图 4-7　变频器面板示意图
1—改变转向键；2—变频器启动键；
3—变频器停止键；4—电动机点动；
5—访问参数键；6—减少数值键；
7—增加数值键；8—功能键；
9—状态显示框

键直到显示为 P1000，按 P 键显示旧的设定值，按 ▲ 或 ▼ 键直到显示为 5，按 P 键将新的设定值输入，数码管显示 P1000；按 ▼ 键返回到 P0000，按 P 键退出，即完成设定，可投入运行。此时，显示器将交替显示 0.00 和 5.00，然后再按启动键，即可启动变频器，按 ▲ 键可增加频率，按 ▼ 键可减小频率，按停止键可停止变频器运行。

③ 对于手动控制模式（即用变频器的面板按钮进行控制），需将变频器参数 P0700 和 P1000 设为 1（设置方法与远程控制模式相同），然后再按运行键（面板上的绿色按钮），即可启动变频器，按 ▲ 键可增加频率，按 ▼ 键可减小频率，按停止键（面板上的红色按钮）则停止变频器运行。

4.4.4　变频器简易操作的注意事项

① 正常运行时 P0010 应设置为 0。

② 为了防止操作失误，通常应将 P0003 设为 0，但调整参数及改变控制模式时，应将 P0003 设为 2 或 3。

③ 其他操作要点及参数说明详见变频器使用说明书。

4.4.5　操作举例

欲将变频器调到 35Hz 时，具体的操作步骤为：

① 按运行键（BOP 板上的绿色按钮）启动变频器，几秒后，液晶面板上将显示 50.00 或 5.00，表示当前频率为 50Hz 或 5Hz。

② 按▲键可增加频率，液晶板上数值开始增加，直至显示为 35.00 为止。

③ 按停止键（BOP 板上红色按键）停止变频器运行。

4.5 显示以及控制仪表设置

4.5.1 设置给定值

AI708 型仪表面板控制如图 4-8 所示。键（9）按一下即放开，仪表就进入设置给定值状态。此时显示的给定值最后一位的小数点开始闪动。按键（10）减小数据，按键（8）增加数据，按键（7）可移动修改数据的位置。将数据改为适合的数值后，再按一下键（9），完成给定并退出。

4.5.2 设置参数

按键（9）保持约 2s，等显示出参数后再放开。再按键（9），仪表将依次显示各参数，对于配置好并锁上参数锁的仪表，只出现操作中需要的参数。通过按键（7）、（8）、（10）可修改参数值。在设置参数状态下并且参数锁未被锁上时，先按键（7）并保持不放后，按键（9）可退出设置参数状态，可按键（10）返回检查上一参数。

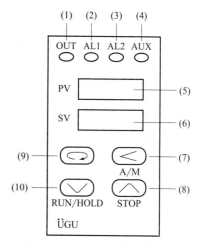

图 4-8 AI708 型仪表面板控制

4.6 紫外-可见分光光度计

4.6.1 简介

紫外-可见分光光度计是由光源、单色器、吸收池、检测器和信号处理器等部件组成。光源的功能是提供足够强度的、稳定的连续光谱。紫外光区通常用氢灯或氘灯，可见光区通常用钨灯或卤钨灯。单色器的功能是将光源发出的复合光分解，并从中分出所需波长的单色光。色散元件有棱镜和光栅两种。可见光区的测量用玻璃吸收池，紫外光区的测量需用石英吸收池。检测器的功能是通过光电转换元件检测透过光的强度，将光信号转变成电信号。常用的光电转换元件有光电管、光电倍增管及光二极管阵列检测器。分光光度计的分类方法有多种：按光路系统可分为单光束和双光束分光光度计；按测量方式可分为单波长和双波长分光光度计；按绘制光谱图的检测方式可分为分光扫描检测与二极管阵列全谱检测。

4.6.2 工作原理

分子的紫外-可见吸收光谱是由于分子中的某些基团吸收了紫外-可见辐射光后，发生了电子能级跃迁而产生的吸收光谱。由于不同物质具有各自不同的分子、原子和不同的分子空间结构，其吸收光能量的情况也就不会相同，因此，每种物质都有其特有的、固定的吸收光谱曲线，可根据吸收光谱上的某些特征波长处的吸光度的高低来判别或测定该物质的含量，这就是分光光度定性和定量分析的基础。

分光光度分析就是根据物质的吸收光谱研究物质的成分、结构和物质间相互作用的有效手段。它是带状光谱，反映了分子中某些基团的信息，可以用标准光图谱再结合其他手段进行定性分析。

根据 Lambert-Beer 定律，光的吸收与吸收层厚度成正比，光的吸收与溶液浓度成正比；如果同时考虑吸收层厚度和溶液浓度对光吸收率的影响，即 $A = \varepsilon bc$（A 为吸光度；ε 为摩尔吸光系数；b 为液池厚度；c 为溶液浓度），就可以对溶液进行定量分析。

将分析样品和标准样品以相同浓度配制在同一溶剂中，在同一条件下分别测定紫外-可见吸收光谱。若两者是同一物质，则两者的光谱图应完全一致。如果没有标样，也可以和现成的标准谱图对照进行比较。这种方法要求仪器准确、精密度高，且测定条件要相同。

实验证明，不同的极性溶剂产生氢键的强度也不同，这可以利用紫外光谱来判断化合物在不同溶剂中的氢键强度，以确定选择哪一种溶剂。

4.6.3 使用方法

① 预热仪器。将选择开关置于"T"，打开电源开关，使仪器预热 20min。为了防止光电管疲劳，不要连续光照，预热仪器时和不测定时应将试样室盖打开，使光路切断。

② 选定波长。根据实验要求，转动波长手轮，调至所需要的单色波长。

③ 固定灵敏度挡，在能使空白溶液很好地调到"100%"的情况下，尽可能采用灵敏度较低的挡。使用时，首先调到"1"挡，灵敏度不够时再逐渐升高。但换挡改变灵敏度后，需重新校正"0%"和"100%"。选好的灵敏度，实验过程中不要再变动。

④ 调节"T＝0%"。轻轻旋动"0%"旋钮，使数字显示为"00.0"（此时试样室是打开的）。

⑤ 调节"T＝100%"。将盛蒸馏水（或空白溶液、纯溶剂）的比色皿放入比色皿座架中的第一格内，并对准光路，把试样室盖子轻轻盖上，调节透过率"100%"旋钮，使数字显示正好为"100.0"。

⑥ 吸光度的测定。将选择开关置于"A"，盖上试样室盖子，将空白液置于光路中，调节吸光度调节旋钮，使数字显示为".000"。将盛有待测溶液的比色皿放入比色皿座架中的其他格内，盖上试样室盖，轻轻拉动试样架拉手，使待测溶液进入光路，此时数字显示值即为该待测溶液的吸光度值。读数后，打开试样室盖，切断光路。重复上述测定操作 1~2 次，读取相应的吸光度值，取平均值。

⑦ 浓度的测定。选择开关由"A"旋至"C"，将已标定浓度的样品放入光路，调节浓度旋钮，使得数字显示为标定值，将被测样品放入光路，此时数字显示值即为该待测溶液的浓度值。

⑧ 关机，实验完毕，切断电源，将比色皿取出洗净，并将比色皿座架用软纸擦净。

4.6.4 注意事项

① 开机前将样品室内的干燥剂取出，仪器自检过程中禁止打开样品室盖。

② 比色皿内溶液以皿高的 2/3～4/5 为宜，不可过满以防液体溢出腐蚀仪器。测定时应保持比色皿清洁，池壁上液滴应用擦镜纸擦干，切勿用手摸透光面。测定紫外波长时，需选用石英比色皿。

③ 测定时，禁止将试剂或液体物质放在仪器的表面上，如有溶液溢出或其他原因将样品槽弄脏，要尽可能及时清理干净。

④ 实验结束后将比色皿中的溶液倒尽，然后用蒸馏水或有机溶剂将比色皿冲洗干净，倒立晾干。关电源，将干燥剂放入样品室内，盖上防尘罩，做好使用登记，得到管理老师认可后方可离开。

5 化工原理基础实验

5.1 雷诺演示实验

【实验目的】

① 建立对层流和湍流两种流动类型的直观感性认识。

② 观测雷诺数与流体流动类型的相互关系。

③ 观察层流中流体质点的速度分布。

【实验原理】

经许多研究者实验证明：流体流动存在两种截然不同的形态，主要决定因素为流体的密度和黏度、流体流动的速度，以及设备的几何尺寸（在圆形导管中为导管直径）。这些量统称为因数。

将这些因数整理归纳为一个无量纲数群，称该无量纲数群为雷诺数。即

$$Re = \frac{du\rho}{\mu} \tag{5-1}$$

式中　d——导管直径，m；

　　　ρ——流体密度，kg/m³；

　　　μ——流体黏度，Pa·s；

　　　u——流体流速，m/s。

大量实验测得，当雷诺数小于某一临界值时，流体流动形态恒为层流；当雷诺数大于某一临界值时，流体流态恒为湍流。在两临界值之间，则为不稳定的过渡区域。

应当指出，层流与湍流之间并非是突然的转变，而是两者之间相隔一个不稳定过渡区域，因此，临界雷诺数测定值和流型的转变，在一定程度上受一些不稳定的其他因素的影响。

【实验装置】

实验装置的结构示意图如图 5-1 所示。恒水位水箱 7 靠溢流来维持水位的不变。在水箱的下部装有水平放置的长直玻璃圆管 4（雷诺试验管），试验管与水箱相通，恒水位水箱中的水可以经过玻璃试验管恒定流出，试验管的另一端装有出水阀门 2，可用以调节出水的流量。阀门 2 的下面装有回水水箱和计量水箱，计量水箱里装有电测流量装置 1（由浮子、光栅计量尺和光电传感器等组成），可以在电测流量仪 3 上得到试验时的流体流量（由数字显示出流体体积 W［升］和相应的出流时间 t［秒］计算得到）。在恒水位水箱的上部装有色液罐 5，其中的颜色液体可经细管引流到玻璃试验管的进口处。色液罐下部装有调节小阀

门，可以用来控制和调节色液液流。雷诺仪还设有储水箱8，由水泵9向试验系统供水，而试验的回流液体可经集水槽11回流到储水箱中。

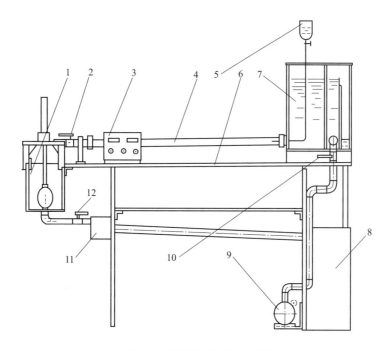

图 5-1　雷诺仪的结构示意图

1—电测流量装置及其计量水箱；2—出水阀门；3—电测流量仪；4—雷诺试验管；5—色液罐；
6—实验桌台；7—恒水位水箱；8—储水箱；9—水泵；10—进水阀门；
11—集水槽；12—放水阀门

【实验步骤】

（1）实验前的准备

① 关闭出水阀门2。

② 打开进水阀门10后，按下电测流量仪3上的水泵开关，启动水泵9，向恒水位水箱放水。

③ 在水箱接近放满时，调节阀门10，使水箱的水位达到溢流水平，并保持有一定的溢流。

④ 适度打开出水阀门2，使试验管水流出，此时，恒水位水箱仍要求保持恒水位，否则，可再调节阀门10，使其达到恒水位，应一直保持有一定量的溢流。（注意：整个实验过程都应满足这个要求）。

⑤ 检查并调整电测流量装置，使其能够正常工作。

⑥ 测量水温。

（2）实验操作步骤　具体操作如下。

① 微开出水阀门2，使试验管中的水流有稳定而较小的流速。

② 微开色液罐下的小阀门，使色液从细管中不断流出，此时，可能看到管中的色液液流与管中的水流同步在直管中沿轴线向前流动，色液呈现一条细直流线，这说明在此流态下，流体的质点没有垂直于主流方向的横向运动，有色直线没有与周围的液体混杂，而是层

次分明地向前流动。此时的流体即为层流。（若看不到这种现象，可再逐渐关小阀门 2，直到看到有色直线为止）。

③ 逐渐缓慢开大阀门 2 至一定开度时，可以观察到有色直线开始出现脉动，但流体质点还没有达到相互交换的程度，此时即为流体流动状态开始转换的临界状态（上临界点），此时的流速即为临界流速。

④ 继续开大阀门 2，即会出现流体质点的横向脉动，继而色线会被全部扩散与水混合，此时的流态即为紊流。

⑤ 此后，如果把阀门 2 逐渐关小，关小到一定开度时，又可以观察到流体的流态从紊流转变到层流的临界状态（下临界点）。继续关小阀门，试验管中会再次出现细直色线，流体流态又转变为层流。

以上只是认识性实验，观察一些过程和现象，没有具体的测试内容。

（3）测定雷诺数 Re 　具体操作如下。

① 开大出水阀门 2，并保持细管中有色液流出，使试验管中的水流处于紊流状态，看不到色液的流线。

② 缓慢地逐渐关小出水阀门，仔细观察试验管中的色液流动变化情况，当阀门关小到一定开度时，可看到试验管中色液出口处开始有有色脉动流线出现，但还没有转变为层流的状态，此时即为由紊流转变为层流的临界状态。

③ 在此临界状态下测量出水流的流量，具体步骤如下。

a. 关闭计量水箱的放水阀门 12。

b. 扳动出水阀门 2 下面的出水水嘴，使出流的水流入计量水箱中。

c. 待流入计量水箱中的水已使电测流量计的浮子浮起一定高度时，即可开始计量：

ⅰ. 按下电测流量仪 3 上的复位按钮，流量显示器即开始计量显示，显示出计时流出的总体积和相应的出流时间。

ⅱ. 计量到适当时间后，按下电测流量仪 3 上的锁定按钮，即停止计量，并显示出计量时出流流体的总体积 $W[\times 10^{-3} \text{m}^3]$ 和相应的出流时间 $t[\text{s}]$。

ⅲ. 打开放水阀门 12，把计量水箱中的水放回储水箱，再关闭阀门 12。

ⅳ. 按 ⅰ、ⅱ 步骤重复测量 3 次。

ⅴ. 将测试结果记入实验原始记录表中。

【实验注意事项】

① 本实验示踪剂采用红墨水，它由红墨水储瓶经连接软管和注射针头注入试验导管。应注意适当调节注射针头的位置，使针头位于管轴线上为佳。红墨水的注射速度应与主体流体流速相近（略低些为宜）。因此，随着水流速的增大，需相应细心调节红墨水注射流量，才能得到较好的实验效果。

② 在实验过程中，应随时注意稳压水槽的溢流水量，随着操作流量的变化，相应调节泵出口阀门，防止稳压槽内液面下降或泛滥事故的发生。

③ 在整个实验过程中，切勿碰撞设备，操作时也要轻巧缓慢，以免干扰流体流动过程的稳定性。实验过程有一定滞后现象。因此，调节流量过程切勿操之过急，状态确定稳定之后，再继续调节或记录实验现象和数据。

【数据处理】

将所测得的数据按式（2-1）相应方法处理成表，填入实验记录整理表。

【思考题】

① 何谓层流流动？何谓湍流流动？两者的本质区别是什么？

② 如何判断不同的流动类型？

③ 影响流动形态的因素有哪些？

④ 如果管子是不透明的，不能直接观察管中的流动形态，你可以用什么办法来判断流体在管中的流动形态？

⑤ 有人说可以只用流速来判断管子中的流动形态，流速低于某一个具体数时是层流，否则是湍流，这种看法对吗？在什么条件下可以只由流速来判断流动形态？

⑥ 研究流动形态有何意义？

5.2 伯努利方程演示实验

【实验目的】

① 研究流体各种形式能量之间的关系及其转换。

② 学会各种压头的测试和计算方法。

③ 观察流速在各种情况下的变化规律。

【实验原理】

① 流体在流动过程中产生机械能：位能、动能、压力能（静压能）。这三种能量是可以相互转换的。当管路条件改变时（如位置高低、管径大小），它们便会自行转换，如果是黏度为零的理想流体，因为不存在内摩擦和碰撞而产生机械能的损失，因此同一管路任何两个截面上，尽管这三种能量彼此不一定相等，但机械能的总和是相等的。

② 对实际流体来说，因为流体存在内摩擦，流动过程中总有一部分机械能因摩擦和碰撞而消失，即转化为热能。而转化为热能的机械能，在管路中不能恢复，也不能被利用。因此，对实际流体来说，两个截面上能量的总和是不相等的，两者的差值就是流体在这两个截面之间由于摩擦和碰撞转化为损失掉的热能，因此在进行机械能衡算时，就必须将这部分消失的机械能加到第二个截面上去。

③ 上述三种机械能都可以用测压管中的一段液体柱的高度来表示。在流体力学中，把表示各种机械能的液柱高度称为"压头"。表示位能的，称为位压头 $H_{位}$；表示动能的，称为动压头 $H_{动}$；表示压力能的（或静压能），称为静压头 $H_{静}$；表示已消失的机械能的，称为损失压头（或摩擦压头）$H_{损}$。

④ 当测压管上的小孔（即测压孔的中心线）与水流方向垂直时，测压管内液位高度（从测压孔算起）即为静压头，它反映测压点处液体的压强大小。

测压孔处液体的位压头则由测压孔处的几何高度决定。

⑤ 当测压孔为正对水流方向时，测压管内液位将因此上升，所增加的液位高度，即为测压孔处液体的动压头，它反映出该点水流动能的大小。这时测压管内液位总高度则为静压头与动压头之和。

⑥ 任何两个截面间，位压头、动压头、静压头三者总和之差即为损失压头，它表示液体流经这两个截面之间时机械能的消耗。

⑦ 用压头表示的伯努利方程：

$$H_1 + \frac{u_1^2}{2g} + \frac{p_1}{\rho g} + H_e = H_2 + \frac{u_2^2}{2g} + \frac{p_2}{\rho g} + \sum H_f \tag{5-2}$$

在衡算范围内无外加能量，因此 $H_e = 0$。

【实验装置】

伯努利实验装置如图 5-2 所示。

【实验步骤】

(1) 伯努利方程实验步骤 实验前，先将水充满储水槽 1，然后关闭泵的出口阀和试验导管出口调节阀，并将水溢满水槽。

实验时先启动循环水泵，然后依次开启出口阀和调节阀，将水从储水槽送入溢流水槽，流经水平安装的试验导管后，再返回储水槽。流体的流量由试验管出口阀控制，泵的出口阀

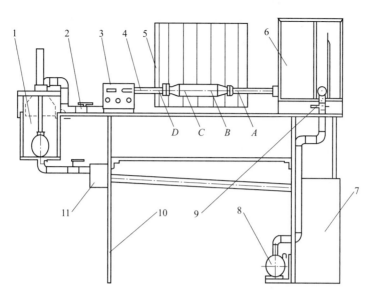

图 5-2 伯努利实验装置示意图

1—电测流量装置及其计量水箱；2—出水阀门；3—流量显示仪；4—伯努利方程实验管；5—测压管；

6—恒水位水箱；7—储水箱；8—水泵；9—进水阀门；10—试验台桌；11—集水槽

控制溢流水槽内的溢流量，以保持槽内液面恒定，保证流动系统在整个试验过程中维持稳定流动。

① 静止状态下流体的机械能分布及转换。

操作步骤 1：将泵的出口阀和试验导管出口阀全部关闭，为了便于观察，可在测压管内滴入几滴红墨水。

观察现象：试验管上所有测压管中的水柱高度均相同，且其液面与溢流槽的液面平齐。

结果分析：这种现象可由流体静力学方程来解释，取水槽液面为 1 截面，A、B、C、D 截面如图 5-2 所示，对该系统列静力学方程如下：

$$H_1 + \frac{p_1}{\rho g} = H_A + \frac{p_A}{\rho g} = H_B + \frac{p_B}{\rho g} = H_C + \frac{p_C}{\rho g} = H_D + \frac{p_D}{\rho g} \tag{5-3}$$

因为点 A、B、C、D 在同一水平面上，且可以取 A、B、C、D 所在平面为基准面。

所以 $H_A = H_B = H_C = H_D = 0$

因为水槽液面通大气，所以 $p_1 = 0$（表压）

代入上式，得：

$$H_1 = \frac{p_A}{\rho g} = \frac{p_B}{\rho g} = \frac{p_C}{\rho g} = \frac{p_D}{\rho g} \tag{5-4}$$

此式表明，1 截面上的总能量只有位压头一种形式，该位压头在 A、B、C、D 截面处全部转化为静压头，因此，在试验导管上各点的测压管显示出相等的液柱高度，且与溢流槽液面平齐。

a. 同一种流体（不可压缩）静止时，内部任一水平截面上都具有相同的压强；

b. 对于同一种静止流体，当液面压强相等时，容器液面的高度必定相等，并与容器截面的大小和形状无关。

② 一定流量下流动状态的机械能分布及转换。

操作步骤 2：启动水泵，将泵的出口阀逐渐开启，调节流量至溢流水槽中有足够的溢流水溢出，缓慢地开启试验导管的出口端调节阀，使导管内水开始流动，各测压管内的水柱高度将发生变化，当观察到试验导管中的两支测压管水柱略有差异时，将流量固定不变。当各测压管的水柱高度稳定不变时，说明导管内流动状态已达稳定，即可开始观察实验现象。

结果分析：运用伯努利方程进行分析，解释各压头间的变化规律。

a. 可以看出能量损失沿着流体流动方向是增大的；

b. B 与 A 比较，其位压头相同，但 B 点比 A 点的静压头大，这是由于管径变粗，流速减慢，动压头转变为静压头；

c. C 与 B 比较，其位压头相同，而 C 点的静压头小了，这是由于静压头转变为了动压头；

d. D 与 C 比较，两管径相同，动压头相同，但 D 点的静压头比 C 点增大了，这是由于位压头转化为了静压头；

e. 实验结果还清楚地说明了连续方程，对不可压缩流体的稳定流动，当流量一定时，管径粗的地方流速小，细的地方流速大。

操作步骤 3：改变流速观察管内的液柱高度变化并记录。

观察现象：

第一步，观察实验管 A、B、C、D 截面处的每对测压管，可以发现左侧比右侧水柱低，两者之差分别记为 Δh_A、Δh_B、Δh_C、Δh_D。

第二步，比较 A、B、C、D 右侧的测压管，发现水柱高度顺序逐一降低，且均低于溢流槽液面高度。

第三步，增大（改变）流速，观察各测压管内水柱高度的变化规律，并分析其原因。

结果分析：

a. 实验装置中每对测压管左侧测压口的轴线方向与流体流动方向垂直，而右侧的测压管则插入试验导管内的轴线位置上，其测压口正对着流体流动的方向，因此，当流体流动时，左侧的测压管只能测得该处的静压头，而右侧的测压管除了测静压头外，还有动压头，因此右侧显示的水柱高度为静压头与动压头之和，两侧水柱之差反映了动压头 $\left(\dfrac{u^2}{2g}\right)$ 的大小。

b. 由于本实验中的水为不可压缩的实际流体，存在着摩擦阻力，导致产生沿程阻力损失以及由于突然扩大、缩小和拐弯导致的局部阻力损失，所以各截面上右侧测压管显示的水柱高度均低于水槽液面的高度。

由于阻力损失的积累，右侧测压水柱高度沿流动方向递减。

（2）测速实验步骤　能量衡算方程实验管上，四组测压管的任一组都相当于一个毕托测速管，可测得管内的流体速度。由于本试验台将总水头测压管置于能量方程实验管的轴线上，所以测得的动压头代表了轴心处的最大流速。

毕托管求点速度公式为：

$$u = \sqrt{2g\,\Delta h} \tag{5-5}$$

式中，Δh 为相应截面上两测压管的高度差（即为动压头）。而管内的平均流速可以通过流量来确定，平均流速公式为：

$$\bar{u} = \frac{V_s}{A} \tag{5-6}$$

在进行伯努利能量衡算方程实验的同时，就可以测定出各点的轴心速度和平均速度。测试结果可记入表中。

（3）不同流量下稳定流体力学　操作步骤：连续缓慢地开启实验导管的出口调节阀，使水流量不断加大。

观察现象：当水流量加大时，各截面上每对测压管的水柱高度也随之加大，同时各对测压管右侧管中的水柱高度不断下降。

结果分析：当流量增大时，流速也加大，这就需要更多的静压头转化为动压头，表现为测压管水柱高度差加大，由于能量损失与流体流速成正比，所以右侧管中水柱高度随流量加大而下降。

对以上现象的观察和分析，是今后讨论流体阻力、毕托管原理以及管径选择等问题的重要感性知识基础。

结果分析，以 C 截面为例：

静止时，1 截面的位压头全部转化为 C 截面的静压能，然后又全部转化为压差计的位压头。该过程中无阻力损失，所以压差计与水槽液面相同。

流动时，1 截面的位头除转化为静压能外，还有一部分转化为动能和阻力损失，在 1 截面位头一定的情况下，若实验导管中速度越大，动能及损失也越大，则静压能就越小，表现为压差计左侧测压管液面下降。

（4）液体流量测量　操作步骤：用秒表记录每次操作过程的流体量，记为 V_s，由各截面计算出不同截面上对应的流速 u 为平均流速。

【实验注意事项】

① 操作中特别要注意排出管内的空气泡，否则会干扰实验现象。

② 试验介质采用水，为了观察清晰，可在各测压管中滴入几滴红墨水，便于观测。

【数据处理】

根据伯努利方程计算各种流量下位压头、静压头、动压头的值，并将数据填入表内。

【思考题】

① 不同流量下各测压管的液柱高度是否相同？这一现象说明什么问题？解释这一高度的物理意义。

② 对同一测压点而言，为什么 $H_i > H_{i+1}$（$i = 1, 2 \cdots$）？为什么距离水槽越远的差值越大？这一差值的物理意义是什么？

③ 同一测压点为什么 $H_{正对 i} > H_{垂直 i}$，下降的液位代表什么压头？

④ 平均流速与点流速的计算方法有何不同？

5.3　离心泵串、并联演示实验

【实验目的】

① 增进对离心泵串、并联运行工况及其特点的感性认识；

② 了解离心泵串、并联工作的总特性曲线。

【实验原理】

（1）泵的并联工作　当用单泵不能满足工作需要的流量时，可采用两台泵（或两台以上）的并联工作方式。离心泵Ⅰ和泵Ⅱ并联后，在同一扬程（压头）下，其流量 $Q_{并}$ 是这两台泵的流量之和 $Q_{并} = Q_Ⅰ + Q_Ⅱ$。并联后的系统特性曲线，就是在各相同扬程下，将两台泵特性曲线 $(Q\text{-}H)_Ⅰ$ 和 $(Q\text{-}H)_Ⅱ$ 上对应的流量相加，得到并联后的各相应合成流量 $Q_{并}$，最后绘出 $(Q\text{-}H)_{并}$ 曲线。

上面所述的是两台性能不同的泵的并联。在实际工程中，普遍遇到的情况是用同型号、同性能泵的并联。$(Q\text{-}H)_Ⅰ$ 和 $(Q\text{-}H)_Ⅱ$ 特性曲线相同，在图上彼此重合，并联后的总特性曲线为 $(Q\text{-}H)_{并}$。本实验是两台相同性能的泵的并联。

分别测绘出单台泵Ⅰ和泵Ⅱ工作时的特性曲线 $(Q\text{-}H)_Ⅰ$ 和 $(Q\text{-}H)_Ⅱ$，把它们合成为两台泵并联的总性能曲线 $(Q\text{-}H)_{并}$，再将两台泵并联运行，测出并联工况下的某些实际工作点，与总性能曲线上相应点相比较。

（2）泵的串联工作　当单台泵工作不能提供所需要的压头（扬程）时，可用两台泵（或两台以上）的串联方式工作。离心泵串联后，通过每台泵的流量 Q 是相同的，而合成压头是两台泵的压头之和。串联后的系统总特性曲线，是在同一流量下把两台单泵对应扬程叠加起来，就可得出泵串联的相应合成压头，从而可绘制出串联系统的总特性曲线 $(Q\text{-}H)_{串}$。串联特性曲线 $(Q\text{-}H)_{串}$ 上的任一点 M 的压头 H_M，为对应于相同流量 Q_M 的两台单泵Ⅰ和泵Ⅱ的压头 H_A 和 H_B 之和，即 $H_M = H_A + H_B$。

分别测绘出单台泵Ⅰ和泵Ⅱ的特性曲线 $(Q\text{-}H)_Ⅰ$ 和 $(Q\text{-}H)_Ⅱ$，并将它们合成为两台泵串联的总性能曲线 $(Q\text{-}H)_{串}$，再将两台泵串联运行，测出串联工况下的某些实际工作点，与总性能曲线的相应点相比较。

【实验装置】

离心泵综合试验台是一种多功能试验装置，其结构如图 5-3 所示。

【实验步骤】

（1）两台泵的并联实验

① 单台泵Ⅰ特性曲线 $(Q\text{-}H)_Ⅰ$ 的测试。（从略，可参看离心泵特性曲线测定实验的步骤）

② 单台泵Ⅱ特性曲线 $(Q\text{-}H)_Ⅱ$ 的测试。（与上类同，只是所用阀门、压力表不尽相同）

③ 两台泵并联工况下某些工作点的测定。

a. 开启阀门 14，关闭阀门 3，9，10，13，19；

b. 接通电源，启动泵Ⅰ和泵Ⅱ；

c. 调节阀门 10 和 13，使压力表 11 和 12 都指示在某一相同的扬程 $H_Ⅰ = H_Ⅱ = H_{并}$，此时，记下孔板流量计的相应压差值，由此测得一个工况下的 $H_{并}$ 和 $Q_{并}$；

d. 按上述 c 的方法，再测试出几个不同并联工况下的 $H_{并}$ 和 $Q_{并}$，即改变 $H_{并}$ 测出相应的 $Q_{并}$；

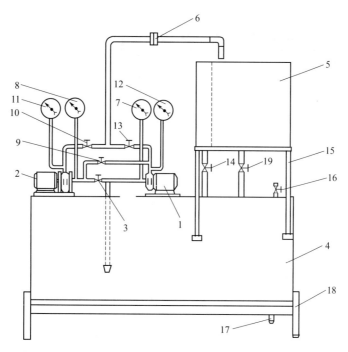

图 5-3　离心泵综合试验台结构示意图

1—泵Ⅰ；2—泵Ⅱ；3—泵Ⅱ上水阀；4—蓄水箱；5—计量水箱；6—孔板流量计；7—真空表；
8—真空压力表；9—串联阀；10—泵Ⅱ出水阀；11,12—压力表；13—泵Ⅰ出水阀；
14—回水阀；15—计量水箱支架；16—蓄水箱排气阀；17—蓄水箱放水阀；
18—试验台基架；19—计量水箱放水阀

e. 实验结束，关闭电源。

（2）两台泵的串联实验

① 单泵Ⅰ和泵Ⅱ特性曲线 $(Q\text{-}H)_Ⅰ$ 和 $(Q\text{-}H)_Ⅱ$ 的测试。（与上面相同，从略）

② 两台泵串联工况下某些工作点的测定：

a. 开启阀门 3，13，19，关闭阀门 14；

b. 接通电源，首先启动泵Ⅰ，待其运行正常后，打开串联阀门 9，再启动泵Ⅱ，待泵Ⅱ运行正常后，最后打开泵Ⅱ的出口阀门 10；

c. 调节阀门 10 到一定开度，即调到某一扬程 $H_串$ 和流量 $Q_串$ 的工况，在此工况下，测读压力表 7 和 11 的压力值，并测得孔板流量计的压差值 h，计算出 $Q_串$；

d. 按上述 c 的方法，再测试出几个不同串联工况下的 $H_串$ 和 $Q_串$。

【数据处理】

绘制离心泵串、并联特性曲线。

【思考题】

① 对于低阻输送管路，串联和并联组合哪个效果更好？

② 对于高阻输送管路，串联和并联组合哪个效果更好？

5.4 板式塔流体力学性能演示实验

【实验目的】

① 了解板式塔的塔板结构（舌形、浮阀、泡罩和筛板塔）及其区间的分布情况；

② 观察和分析塔板在一定的气液量通过时，气液两相在塔板上的接触情况；

③ 适当改变气液负荷，观察因气液相负荷变化而引起的塔的一些不正常操作现象，并对塔板的这些现象进行比较，掌握塔板流体力学的一般规律。

【实验原理】

塔板上的气液接触、塔内气液流动，都与塔板上的流体力学有关。为了研究塔板上流体力学性能，一般用空气代替塔板上的上升蒸汽，用水代替塔板上的冷凝液，模拟精馏塔中气液两相的接触和流动情况。

当塔板操作时，液体从上层塔板经降液管流到下一层塔板；而气体由于压差的作用从下一层塔板经筛孔（或阀孔、舌孔、上升管）上升穿过液层形成错流，在塔板上气液两相进行传质、传热。

气液两相接触的过程中，随着气流速度的变化，大致有三种状态：

① 鼓泡接触状态：当气流速度很低时，气体通过筛孔时断裂成气泡，在板上液层中浮升，这时形成的气液混合物基本上以液体为主，板上有明显的清液层，气液两相在气泡表面进行传质、传热，气泡占的比例较少，气液接触面积不大，气泡表面的湍动程度也较小，故传质阻力较大。在鼓泡接触状态，液体为连续相，气体为分散相。

② 泡沫接触状态：随着气流速度的增大，板上产生的气泡数量急剧增加，气泡表面连成一片，并不断发生破裂和合并，此时板上液体大部分以液膜形式存在于气泡之间，清液层变薄，气液两相的传质面为很大的液膜。由于塔板上有这种高度湍动的泡沫层，从而为气液两相传质、传热创造良好的流体力学条件。在泡沫接触状态，液体为连续相，气体为分散相。

③ 喷射接触状态：当流速很高时，气体的动能很大，气体从筛孔喷出穿过液层，将塔板上的液体破碎成许多液滴，并抛到塔板上方的空间，气液两相在液滴表面进行传质、传热。在喷射接触状态下，气流速度很大，液体分散较好，对传质、传热有利，但产生过量液沫夹带，会影响和破坏传质过程。在这种状态下，液体为分散相，气体为连续相。

（1）塔板上的不正常操作现象

① 漏液现象：当塔板在气速很低的条件下操作时，气体通过塔板为克服开孔处的液体表面张力以及液层摩擦阻力，所形成的压力降不能抵消塔板上液层的重力，因此液体会穿过塔板上的开孔往下漏，即产生漏液现象。

② 过量液沫夹带：当塔内气速较大，气体将大量的液体带至上一层塔板上，引起浓度返混现象，而被带上的液体还是要通过降液管流回到下一层塔板上，从而增大了降液管的负荷，则降液管内的液位会不断升高，最后可能导致液泛。

③ 液泛现象：当塔板上液体量很大，上升气体速度很高，塔板压降很大时，液体来不及从降液管向下流动，于是液体在塔板上不断积累，液层不断上升，使整个塔板空间都充满气液混合物，称液泛现象。液泛发生后完全破坏了气液的逆流操作，使塔失去分离效果。

在液泛开始时，塔内压力降急剧增大，效率急剧降低，最后导致全塔操作无法进行。

（2）筛板塔的流体力学性能

① 压力降是板式塔一项重要的流体力学性能，它关系到塔板上蒸汽的分布和塔底操作压力的确定。热敏性物料的减压精馏塔板压降的大小往往是选择板型的主要依据。

② 清液高度和泡沫高度：清液高度和泡沫高度直接关系到塔板的压降、雾沫夹带和泄漏，此外清液高度和泡沫高度代表液气的持留量，很大程度上决定气液的接触时间，是关系到传质效果的物理量。

③ 雾沫夹带：板上上升气流将下层塔板的部分液滴带至上一层塔板上称为雾沫夹带。雾沫夹带会降低传质效果。雾沫夹带受气速、液体表面张力、板间距的影响。为保证一定的板效率，雾沫夹带控制在 0.1kg 液/kg 气以下。

【实验装置】

实验装置与流程如图 5-4 所示。本实验装置由一个离心鼓风机和一个塔体组成，塔体内装有舌形塔板、浮阀塔板、泡罩塔板和筛孔塔板，气体由鼓风机从塔体下部送入，为了控制其风量，装有旁路调节阀，自来水从塔顶引入，为观察塔下部液位，其侧面装一组液位计，液位的高低依靠塔下部阀门调节。

设备主要技术参数如下。

塔高：900mm；塔径：Φ100mm×5.5mm；材料：有机玻璃；板间距：150mm；空气孔板流量计孔径：12mm；水孔板流量计孔径：6mm。

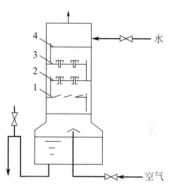

图 5-4　板式塔演示实验装置
1—舌形塔板；2—浮阀塔板；
3—泡罩塔板；4—筛孔塔板

【实验操作步骤】

① 打开进水阀，使一定的水量进入装置的顶部，在不开动风机的情况下观察液体流经塔板时的情形和途径；改变风量的大小，再仔细观察上述的内容，看其发生了什么变化？

② 维持一定的水量，开启风机，逐步改变进风量，随时观察板上的气液接触情况、鼓泡状态、液体的流动状况等现象，分析并思考产生这些现象的原因。

③ 维持一定的气量（真正要维持本装置中的恒定气量难以实现，请思考为什么），逐步改变顶部的进液量，同样地随时观看塔板上的气液接触状况、鼓泡状态、流体的流动状况等现象，分析其原因，并与改变气量时所观察到的一些现象进行比较。

④ 在演示过程中，请注意装置底部的液位高低，人为地把液位降低到玻璃管的红线以下，会发生什么情况？

【数据处理】

① 观察塔板上的气液接触现象，并作出合理的解释；

② 将塔板压降、清液高度、泡沫高度、雾沫夹带量和喷淋密度作图，可得塔板压降、清液层、泡沫层、雾沫夹带量与喷淋密度的关系。

【思考题】

① 比较泡罩塔板、舌形塔板、筛孔塔板、浮阀塔板的性能。

② 塔板上的气液接触状态有几种？设计中如何选择？

③ 在实际操作过程中，如发现液泛、漏液等现象时，应如何处理？

④ 何谓塔板负荷性能图，它对塔的设计和操作有什么用处？

⑤ 塔板上的液流形式有哪几种？如何确定？

5.5 填料塔流体力学性能演示实验

【实验目的】

① 了解填料塔的结构、基本流程及操作方法；

② 观察填料塔内气液两相的流动状况；

③ 比较干填料及不同液体喷淋密度下填料层压降与空塔气速的关系。

【实验原理】

填料塔的流体力学性能直接影响到塔内的传质效果和塔的生产能力，主要包括持液量、气体通过填料层的压降、液泛气速及气液两种流体的分布等。

（1）填料层的持液量　填料层的持液量是指在一定操作条件下，单位体积填料层内在填料表面和填料空隙中所积存的液体量，一般以"m^3 液体/m^3 填料"表示。总持液量 H_t 包括静持液量 H_s 和动持液量 H_c 两部分，即 $H_t = H_s + H_c$。

静持液量是指当塔停止气、液两相供料，经适当时间排液，直至无滴液时，积存于填料层中的液体量。静持液量与气、液相的流量无关，只取决于填料与液体的特性。动持液量是指填料塔停止气、液两相进料的瞬间，流出的液体量，它与填料、液体特性及气、液负荷有关。

（2）压强降是塔设计中的重要参数　气体通过填料层压强降的大小决定了塔的动力消耗。由于压强降与气、液流量有关，不同喷淋量下单位填料层的压强降 $\Delta p/Z$ 与空塔气速 u（空塔气速 u 等于空气的体积流量除以塔的截面积）的关系如图 5-5 所示。

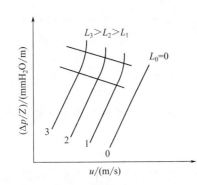

图 5-5　填料层的 $\Delta p/Z$-u 关系

当无液体喷淋，即喷淋量 $L_0 = 0$ 时，干填料的 $\Delta p/Z$-u 的关系是直线，如图中的直线 0，其斜率为 1.8～2.0。当有一定的喷淋量时（图中 1、2、3 对应的液体喷淋量依次增大），$\Delta p/Z$-u 的关系变成折线，并存在 2 个转折点，下转折点称为"载点"，上转折点称为"泛点"。这 2 个转折点将 $\Delta p/Z$-u 关系分为三个区段：恒持液量区、载液区与液泛区。

（3）液泛　在液泛点气速以下，持液量的增多使液相由分散相变为连续相，而气相由连续相变为分散相，气、液两相间的相互接触从填料表面转移到填料层的空隙中，气、液通过鼓泡传质。此时，气流出现脉动，液体被气流大量带出塔顶，塔的操作极不稳定，甚至被完全破坏，此种情况称为填料的液泛现象。泛点气速就是开始发生液泛现象时的空塔气速。

实验表明，当空塔气速在载点与泛点之间时，气体和液体的湍动加剧，气、液接触良好，传质效果提高，泛点气速是填料塔操作的最大极限气速，填料塔的适宜操作气速通常依泛点气速来选定，故正确地求取泛点气速对于填料塔的设计和操作非常重要。

由 U 形管压差计读得 Δp，计算单位填料层高度上的压降 $\Delta p/Z$，塔中空气流速（空塔气速）为

$$u = \frac{V_n}{3600\left(\dfrac{\pi}{4}\right)D^2} \tag{5-7}$$

因为空气流量计处温度不是 20℃，需要对读数进行校正，校正过程参见气体流量计的

校正。本实验将测定不同喷淋密度下通过填料层的压降与空塔气速间的关系，并观察填料表面的液流状态及液泛现象。

【实验装置】

本实验装置如图 5-6 所示，流程为：自来水经离心泵加压后送入填料塔塔顶，经喷头喷淋在填料顶层。由压缩机送来的空气和由二氧化碳钢瓶送来的二氧化碳混合后，一起进入气体中间储罐，然后再直接进入塔底，与水在塔内进行逆流接触，进行质量和热量的交换，由塔顶出来的尾气经转子流量计后放空。由于本实验为低浓度气体的吸收，所以热量交换可略，整个实验过程看成是等温操作。

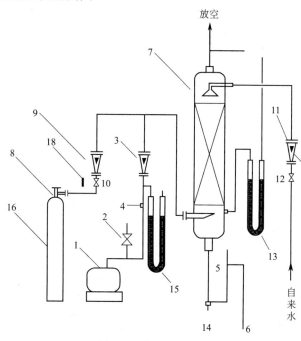

图 5-6　填料塔流程图

1—鼓风机；2—空气流量调节阀；3—空气转子流量计；4—空气温度；5—液封管；6—吸收液取样口；
7—填料吸收塔；8—CO₂ 钢瓶阀门；9—CO₂ 转子流量计；10—CO₂ 调节阀；11—水转子流量计；
12—水流量调节阀；13—U 形管压差计；14—吸收液温度；
15—空气进入流量计处压力；16—CO₂ 钢瓶

【实验步骤】

(1) 测量吸收塔干填料层 $(\Delta p/Z)$-u 关系曲线　先全开调节阀 2，后启动鼓风机，用阀 2 调节进塔的空气流量，按空气流量从小到大的顺序读取填料层压降 Δp、转子流量计读数和流量计处空气温度，测量 6～8 组数据。

(2) 测量某喷淋量下填料层 $(\Delta p/Z)$-u 关系曲线　用水喷淋量为 30L/h 时，用上面相同方法读取填料层压降 Δp、转子流量计读数和流量计处空气温度，并注意观察塔内的操作现象，一旦看到液泛现象，立即记下对应的空气转子流量计读数。

(3) 测量某喷淋量下填料层 $(\Delta p/Z)$-u 关系曲线　用水喷淋量为 50L/h 时，用上面相同方法读取填料层压降 Δp、转子流量计读数和流量计处空气温度，并注意观察塔内的操作现象，一旦看到液泛现象，立即记下对应的空气转子流量计读数。

【实验注意事项】

① 在填料塔操作条件改变后，需要有较长的稳定时间，一定要等到稳定以后方能读取

有关数据。

② 启动鼓风机前，务必先全开支路调节阀。

③ 塔下部液封面的高度必须维持在空气进口管的下面，并接近进口管。

【数据处理】

以 u 为横坐标，$\Delta p/Z$ 为纵坐标作图，标绘 $\Delta p/Z$-u 关系曲线。

气体转子流量计读数的校正：本实验中，由于空气流量计的温度不是 20℃，需要对读数进行校正，校正过程请参考 2.1.3 流量检测及仪表的例 2 计算要求。空气在不同温度下的密度查化工原理教材的附录。

【思考题】

① 空气流量由转子流量计测定，如何换算成实际流量？

② 液泛点气速与喷淋密度有何关系？为什么？

③ 填料塔的力学性能有哪些？它对填料塔传质性能有何影响？

④ 液泛的特征是什么？本装置的液泛现象是从塔顶开始还是从塔底开始？如何确定液泛气速？

⑤ 何谓持液量？持液量的大小对传质性能有什么影响？在喷淋密度达到一定数值后，气体流量如何影响持液量？

⑥ 填料塔底部的出口管为什么要液封？液封的高度如何确定？

5.6 流体流动综合实验

【实验目的】

① 学习直管（摩擦）阻力引起的压强降 Δp_{f}、直管摩擦系数 λ 的测定方法。

② 掌握直管摩擦系数 λ 与雷诺数 Re 和相对粗糙度之间的关系及变化规律。

③ 掌握局部（摩擦）阻力引起的压强降 $\Delta p'_{\mathrm{f}}$、局部阻力系数 ζ 的测定方法。

④ 学习压强差的几种测量方法和提高其测量精确度的一些技巧。

【实验原理】

（1）直管摩擦系数 λ 与雷诺数 Re 的测定　　直管的摩擦系数是雷诺数和相对粗糙度的函数，即 $\lambda = f(Re, \varepsilon/d)$，对一定的相对粗糙度而言，$\lambda = f(Re)$。

流体在一定长度等直径的水平圆管内流动时，其管路阻力引起的能量损失为：

$$h_{\mathrm{f}} = \frac{p_1 - p_2}{\rho} = \frac{\Delta p_{\mathrm{f}}}{\rho} \tag{5-8}$$

又因为摩擦阻力系数与阻力损失之间有如下关系（范宁公式）

$$h_{\mathrm{f}} = \frac{\Delta p_{\mathrm{f}}}{\rho} = \lambda \, \frac{l}{d} \times \frac{u^2}{2} \tag{5-9}$$

整理式(5-8)、式(5-9) 两式得

$$\lambda = \frac{2d}{\rho l} \times \frac{\Delta p_{\mathrm{f}}}{u^2} \tag{5-10}$$

$$Re = \frac{du\rho}{\mu} \tag{5-11}$$

式中　d——管径，m；

　　Δp_{f}——直管阻力引起的压强降，Pa；

　　l——管长，m；

　　u——流速，m/s；

　　ρ——流体的密度，kg/m³；

　　μ——流体的黏度，N·s/m²。

在实验装置中，直管段管长 l 和管径 d 都已固定。若水温一定，则水的密度 ρ 和黏度 μ 也是定值。所以本实验实质上是测定直管段流体阻力引起的压强降 Δp_{f} 与流速 u（流量 V）之间的关系。

根据实验数据和式(5-10)可计算出不同流速下的直管摩擦系数 λ，用式(5-11)计算对应的 Re，整理出直管摩擦系数和雷诺数的关系，绘出 λ 与 Re 的关系曲线。

（2）局部阻力系数 ζ 的测定

$$h'_{\mathrm{f}} = \frac{\Delta p'_{\mathrm{f}}}{\rho} = \zeta \frac{u^2}{2} \tag{5-12}$$

$$\zeta = \frac{2}{\rho} \times \frac{\Delta p'_{\mathrm{f}}}{u^2} \tag{5-13}$$

式中　ζ——局部阻力系数，无量纲；

$\Delta p_{f}'$——局部阻力引起的压强降，Pa；

h_{f}'——局部阻力引起的能量损失，J/kg。

局部阻力引起的压强降 $\Delta p_{f}'$ 可用下面方法测量：在一条各处直径相等的直管段上，安装待测局部阻力的阀门，在上、下游各开两对测压口 a—a' 和 b—b'，如图5-7所示，使 $ab=bc$；$a'b'=b'c'$，则 $\Delta p_{f,ab}=\Delta p_{f,bc}$；$\Delta p_{f,a'b'}=\Delta p_{f,b'c'}$。

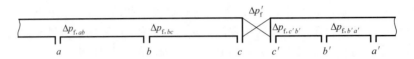

图5-7 局部阻力测量取压口布置图

在 a—a' 之间列伯努利方程式 $p_{a}-p_{a'}=2\Delta p_{f,ab}+2\Delta p_{f,a'b'}+\Delta p_{f}'$ (5-14)

在 b—b' 之间列伯努利方程式：$p_{b}-p_{b'}=\Delta p_{f,bc}+\Delta p_{f,b'c'}+\Delta p_{f}'$

$$=\Delta p_{f,ab}+\Delta p_{f,a'b'}+\Delta p_{f}' \tag{5-15}$$

联立式(5-14) 和式(5-15)，则：$\Delta p_{f}'=2(p_{b}-p_{b'})-(p_{a}-p_{a'})$

为了实验方便，称 $(p_{b}-p_{b'})$ 为近点压差，称 $(p_{a}-p_{a'})$ 为远点压差，其数值用差压传感器来测量。

（3）流量计性能测定　流体通过节流式流量计时，在上、下游两取压口之间产生的压强差与流量的关系为：

$$V_{S}=C_{0}A_{0}\sqrt{\dfrac{2(p_{上}-p_{下})}{\rho}} \tag{5-16}$$

式中　V_{S}——被测流体（水）的体积流量，m^3/s；

$\quad\quad C_{0}$——流量系数，无量纲；

$\quad\quad A_{0}$——流量计节流孔截面积，m^2；

$p_{上}-p_{下}$——流量计上、下游两取压口之间的压强差，Pa；

$\quad\quad \rho$——被测流体（水）的密度，kg/m^3。

用涡轮流量计作为标准流量计来测量流量 V_{S}，每一个流量在压差计上都有一对应的读数，将压差计读数 Δp 和流量 V_{S} 绘制成一条曲线，即流量标定曲线。同时利用上式整理数据可进一步得到 C_{0}-Re 关系曲线。

【实验装置】

（1）实验装置　实验装置如图5-8所示。

（2）实验装置流程简介

① 流体阻力测量：水泵2将水箱1中的水抽出，送入实验系统，经玻璃转子流量计22、23测量流量，然后送入被测直管段测量流体流动阻力，经回流管流回水箱1。被测直管段流体流动阻力 Δp 可根据其数值大小分别采用压力传感器12或空气-水倒置U形管来测量。

② 流量计测定：水泵2将水箱1内的水输送到实验系统，流体经涡轮流量计13计量，用流量调节阀32调节流量，回到水箱。同时测量文丘里流量计两端的压差。

（3）实验设备主要技术参数　如表5-1所示。

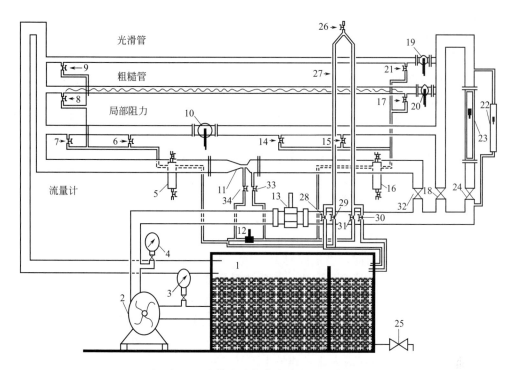

图 5-8　流体流动综合实验流程示意图

1—水箱；2—水泵；3—入口真空表；4—出口压力表；5,16—缓冲罐；6,14—测局部阻力近端阀；7,15—测局部
阻力远端阀；8,17—粗糙管测压阀；9,21—光滑管测压阀；10—局部阻力阀；11—文丘里流量计（孔板流量计）；
12—压力传感器；13—涡轮流量计；18,32—阀门；19—光滑管阀；20—粗糙管阀；22—小转子流量计；
23—大转子流量计；24—阀门；25—水箱放水阀；26—倒 U 形管放空阀；27—倒 U 形管；28,30—倒 U
形管排水阀；29,31—倒 U 形管平衡阀；33,34—文丘里流量计（孔板流量计）测压阀

表 5-1　实验设备主要技术参数

序　号	名　称	规　格	材　料
1	玻璃转子流量计	LZB-25　　100~1000(L/h) LZB-10　　10~100(L/h)	
2	压力传感器	型号 LXWY　　测量范围 0~200kPa	不锈钢
3	离心泵	型号 WB70/055	不锈钢
4	文丘里流量计	喉径 0.020m	不锈钢
5	实验管路	管径 0.043m	不锈钢
6	真空表	测量范围 0.1~0MPa,精度 1.5 级, 真空表测压位置:管内径	
7	压力表	测量范围 0~0.25MPa,精度 1.5 级 压强表测压位置:管内径	
8	涡轮流量计	型号 LWY-40,测量范围 0~20m³/h	
9	变频器	型号 N2-401-H,规格:(0~50)Hz	
10	光滑管	管径 d:0.008(m),管长 l:1.70(m)	
11	粗糙管	管径 d:0.010(m),管长 l:1.70(m)	
12	测压口	真空表与压强表测压口之间的垂直距离 $h_0 = 0.335$m	

【实验步骤】

（1）流体阻力测量

① 向水箱内注水至水满为止。

② 光滑管阻力测定：

a. 向水箱内注入蒸馏水。检查流量调节阀 32、压力表 4 的开关及真空表 3 的开关是否关闭（应关闭），本实验进行中，不要开启压力表 4 及真空表 3，关闭调节阀 10、19、20 和 18、24、32，关闭 26、28、29、30、31，打开 6、7、8、9、10、14、15、17、21。

b. 启动离心泵，打开 19 至全开，缓慢打开调节阀，打开大转子流量计的阀门至全开。待系统内流体稳定，即系统内已没有气体，方可进行下一步实验。

c. 测定光滑管阻力。流量调节由小到大，小流量计读数取 5 组数据，大流量计读数取 5 组数据，总共 10 组数据。

③ 粗糙管阻力测定方法同前。（一组同学做光滑管，另外一组同学做粗糙管）

④ 局部阻力测量方法同前，固定阀门 10 一个开度，测量 5 组数据。

⑤ 测取水箱水温。待数据测量完毕，关闭流量调节阀，停泵。

注意：

本装置两个转子流量计并联连接，根据流量大小选择不同量程的流量计测量流量。压力传感器与倒置 U 形管亦是并联连接，用于测量压差，小流量时用 U 形管压差计测量，大流量时用压力传感器测量。应在最大流量和最小流量之间进行实验操作。

注：在测大流量的压差时应关闭 U 形管的进、出水阀 29、31，防止水利用 U 形管形成回路，影响实验数据。

（2）流量计性能测定

① 向水箱内注入蒸馏水。检查流量调节阀 32、压力表 4 的开关及真空表 3 的开关是否关闭（应关闭）。

② 启动离心泵，缓慢打开调节阀 32 至全开。待系统内流体稳定，即系统内已没有气体，打开压力表和真空表的开关，方可测取数据。

③ 用阀门 32 调节流量，流量从零至最大或流量从最大到零，测取 10～15 组数据，同时记录涡轮流量计频率、文丘里流量计的压差，并记录水温。

④ 实验结束后，关闭流量调节阀，停泵，切断电源。

【实验注意事项】

① 直流数字表操作方法请仔细阅读说明书，待熟悉其性能和使用方法后再进行操作。

② 启动离心泵之前以及从光滑管阻力测量过渡到其他测量之前，都必须检查所有流量调节阀是否关闭。

③ 利用压力传感器测量大流量下 Δp 时，应切断空气-水倒置 U 形玻璃管的阀门，否则将影响测量数值的准确性。

④ 在实验过程中每调节一个流量之后，应待流量和直管压降的数据稳定以后方可记录数据。

⑤ 若较长时间未使用该装置，启动离心泵时应先盘轴转动以免烧坏电机。

⑥ 该装置电路采用五线三相制配电，实验设备应良好接地。

⑦ 使用变频器时一定注意 FWD 指示灯亮，切忌按 FWD REV 键，REV 指示灯亮时电机反转。

⑧ 启动离心泵前，必须关闭流量调节阀，关闭压力表和真空表的开关，以免损坏测量

仪表。

⑨ 实验水质要清洁，以免影响涡轮流量计运行。

【数据处理】

① 将实验数据和数据整理结果列在实验报告表格中，并以其中一组数据为例写出计算过程。

② 计算直管摩擦系数 λ、局部阻力系数 ζ 和流量系数 C_0。

③ 在合适的坐标系上标绘光滑管和粗糙管 $\lambda\text{-}Re$ 关系曲线，并进行比较分析。

【思考题】

① 在对装置做排气工作时，是否一定要关闭流程尾部的出口阀？为什么？

② 压差计上的平衡阀起什么作用？它在什么情况下是开着的，又在什么情况下是关闭的？

③ 如何检测管路中的空气已经被排除干净？

④ 以水做介质所测得的 $\lambda\text{-}Re$ 关系能否适用于其他流体？如何应用？

⑤ 在不同设备上（包括不同管径）、不同水温下测定的 $\lambda\text{-}Re$ 数据能否关联在同一条曲线上？

⑥ 如果测压口、孔边缘有毛刺或安装不垂直，对静压的测量有何影响？

⑦ 在直管阻力测量中，压差计显示的压差是否随着流量的增加而呈线性增加？分别就层流和湍流进行讨论。

⑧ 孔板流量计、文丘里流量计和转子流量计有什么异同点？

⑨ 实验中经常用到的测量压差的方法有哪些？

⑩ 测定直管摩擦系数 λ 和局部阻力系数 ζ 的意义是什么？

5.7　离心泵与管路特性曲线测定实验

【实验目的】

① 熟悉离心泵的操作方法。

② 掌握离心泵特性曲线和管路特性曲线的表示方法、测定方法，加深对离心泵性能的了解。

【实验原理】

（1）离心泵特性曲线　离心泵是最常见的液体输送设备。在一定的型号和转速下，离心泵的扬程 H、轴功率 N 及效率 η 均随流量 Q 而改变。通常通过实验测出 $H\text{-}Q$、$N\text{-}Q$ 及 $\eta\text{-}Q$ 关系，并用曲线表示之，称为特性曲线。特性曲线是确定泵的适宜操作条件和选用泵的重要依据。泵特性曲线的具体测定方法如下。

① H 的测定：在泵的吸入口和排出口之间列伯努利方程

$$Z_\text{入}+\frac{p_\text{入}}{\rho g}+\frac{u_\text{入}^2}{2g}+H=Z_\text{出}+\frac{p_\text{出}}{\rho g}+\frac{u_\text{出}^2}{2g}+H_{\text{f入}-\text{出}} \tag{5-17}$$

$$H=Z_\text{出}-Z_\text{入}+\frac{p_\text{出}-p_\text{入}}{\rho g}+\frac{u_\text{出}^2-u_\text{入}^2}{2g}+H_{\text{f入}-\text{出}} \tag{5-18}$$

上式中 $H_{\text{f入}-\text{出}}$ 是泵的吸入口和压出口之间管路内的流体流动阻力，与伯努利方程中其他项比较，$H_{\text{f入}-\text{出}}$ 值很小，故可忽略。于是上式变为：

$$H=Z_\text{出}-Z_\text{入}+\frac{p_\text{出}-p_\text{入}}{\rho g}+\frac{u_\text{出}^2-u_\text{入}^2}{2g} \tag{5-19}$$

将测得的 $Z_\text{出}-Z_\text{入}$ 和 $p_\text{出}-p_\text{入}$ 值以及计算所得的 $u_\text{入}$、$u_\text{出}$ 代入上式，即可求得 H。

② N 测定：功率表测得的功率为电动机的输入功率。由于泵由电动机直接带动，传动效率可视为 1.0，所以电动机的输出功率等于泵的轴功率。即：

泵的轴功率 N＝电动机的输出功率，kW

电动机输出功率＝电动机输入功率×电动机效率，kW。电动机效率为 60%。

泵的轴功率＝功率表读数×电动机效率，kW。

③ η 测定：

$$\eta=\frac{N_\text{e}}{N} \tag{5-20}$$

$$N_\text{e}=\frac{HQ\rho g}{1000}=\frac{HQ\rho}{102}(\text{kW}) \tag{5-21}$$

式中　η——泵的效率；

N——泵的轴功率，kW；

N_e——泵的有效功率，kW；

H——泵的扬程，m；

Q——泵的流量，m^3/s；

ρ——水的密度，kg/m^3。

（2）管路特性曲线　当离心泵安装在特定的管路系统中工作时，实际的工作压头和流量不仅与离心泵本身的性能有关，还与管路特性有关。也就是说，在液体输送过程中，泵和管路二者是相互制约的。

管路特性曲线是指流体流经管路系统的流量与所需压头之间的关系。若将泵的特性曲线与管路特性曲线绘在同一坐标图上，两曲线交点即为泵在该管路的工作点。因此，如同通过改变阀门开度来改变管路特性曲线求出泵的特性曲线一样，可通过改变泵转速来改变泵的特性曲线，从而得出管路特性曲线。泵的压头 H 计算同上。

【实验装置的基本情况】

（1）实验装置流程示意图同 5.6 流体流动综合实验的装置图。

① 离心泵性能测定：水泵 2 将水箱 1 内的水输送到实验系统，流体经涡轮流量计 13 计量，用流量调节阀 32 调节流量，回到水箱。同时测量离心泵进出口压强、离心泵电机输入功率并记录。

② 管路特性测量：用流量调节阀 32 调节流量到某一位置，改变电机频率，测定涡轮流量计的频率、泵入口压强、泵出口压强并记录。

（2）实验设备主要技术参数　同 5.6 流体流动综合实验的技术参数。

【实验方法及步骤】

（1）离心泵性能的测定

① 向水箱内注入蒸馏水。基本操作同 5.6 流体流动综合实验，检查流量调节阀 32、压力表 4 的开关及真空表 3 的开关是否关闭（应关闭）。

② 启动离心泵，缓慢打开调节阀 32 至全开。待系统内流体稳定，即系统内已没有气体，打开压力表和真空表的开关，方可测取数据。

③ 用阀门 32 调节流量，流量从零至最大或流量从最大到零，测取 8～10 组数据，同时记录涡轮流量计频率、泵入口压强、泵出口压强、功率表读数，并记录水温。

④ 实验结束后，关闭流量调节阀，停泵，切断电源。

（2）管路特性的测量

① 管路特性曲线测定时，先置流量调节阀 32 为某一开度，调节离心泵电机频率（调节范围 50～20Hz），测取 8～10 组数据，同时记录电机频率、泵入口压强、泵出口压强、流量计读数，并记录水温。

② 实验结束后，关闭流量调节阀，停泵，切断电源。

【实验注意事项】

① 直流数字表操作方法请仔细阅读说明书，待熟悉其性能和使用方法后再进行操作。

② 利用压力传感器测量大流量下 Δp 时，应切断空气-水倒置 U 形玻璃管的阀门，否则将影响测量数值的准确性。

③ 启动离心泵之前以及从光滑管阻力测量过渡到其他测量之前，都必须检查所有流量调节阀是否关闭。

④ 在实验过程中每调节一个流量之后，应待流量和直管压降的数据稳定以后方可记录数据。

⑤ 若较长时间未使用该装置，启动离心泵时应先盘轴转动以免烧坏电机。

⑥ 该装置电路采用五线三相制配电，实验设备应良好接地。

⑦ 使用变频器时一定注意 FWD 指示灯亮，切忌按 FWD REV 键，REV 指示灯亮时电机反转。

⑧ 启动离心泵前，必须关闭流量调节阀，关闭压力表和真空表的开关，以免损坏测量仪表。

⑨ 实验水质要清洁，以免影响涡轮流量计运行。

【数据处理】

① 将实验数据和数据整理结果列在实验报告表格中，并以其中一组数据为例写出计算过程。

② 计算离心泵的扬程 H、轴功率 N 及效率 η 和管路系统需要压头，将泵的特性曲线与管路特性曲线绘在同一坐标图上。

【思考题】

① 测定离心泵特性曲线的意义有哪些？

② 试从所测实验数据分析离心泵在启动时为什么要关闭出口阀门？

③ 启动离心泵之前为什么要引水灌泵？如果灌泵后依然启动不起来，你认为可能的原因是什么？

④ 为什么用泵的出口阀门调节流量？这种方法有什么优缺点？是否还有其他方法调节流量？

⑤ 泵启动后，出口阀如果不开，压力表和真空表读数如何变化？为什么？

⑥ 正常工作的离心泵，在其进口管路上安装阀门是否合理？为什么？

⑦ 试分析，用清水泵输送密度为 $1200kg/m^3$ 的盐水，在相同流量下泵的压力是否变化？轴功率是否变化？

⑧ 为什么离心泵的有效压头 H_e 随流量 Q 的增加而缓缓下降？

⑨ 为什么流量越大，入口处真空表的读数越大，出口处压力表的读数越小？

⑩ 离心泵的操作，为什么要：a. 先充液？b. 封闭启动？c. 选在高效区操作？

⑪ 指出离心泵的设计点及对应的参数（Q、H_e、N）。

5.8 恒压过滤实验

【实验目的】
① 熟悉真空恒压过滤机的构造和操作方法。
② 通过恒压过滤实验，验证过滤基本理论。
③ 学会测定过滤常数 K、q_e、θ_e 的方法。
④ 了解过滤压力对过滤速度的影响。

【实验原理】

过滤速度 u 定义为单位时间、单位过滤面积内通过过滤介质的滤液量，表示过滤过程的快慢程度。影响过滤速度的主要因素除过滤推动力（压强差）Δp、滤饼厚度 L 外，还有滤饼和悬浮液的性质、悬浮液温度、过滤介质的阻力等。过滤过程中，滤液流过滤饼和过滤介质的流动基本上处在层流范围内，所以，可利用流体通过固定床压降的简化模型，寻求过滤速度与各个因素之间的关系，也就是过滤基本方程式：

$$u = \frac{dV}{A\,d\theta} = \frac{dq}{d\theta} = \frac{A\Delta p^{1-s}}{\mu r'v(V+V_e)} \tag{5-22}$$

式中
u——过滤速度，m/s；

V——通过过滤介质的滤液量，m^3；

A——过滤面积，m^2；

θ——过滤时间，s；

q——通过单位面积过滤介质的滤液量，m^3/m^2；

Δp——过滤压力（表压），Pa；

s——滤渣压缩性系数；

μ——滤液的黏度，Pa·s；

r'——单位压强下滤渣比阻，$1/m^2$；

V_e——过滤介质的当量滤液体积，m^3；

v——滤饼体积与相应滤液体积之比，因次为1，或 m^3/m^3；

对于一定的悬浮液，在恒温和恒压下过滤时，μ、r'、v 和 Δp 都恒定，令：

$$K = \frac{2\Delta p^{1-s}}{\mu r'v} \tag{5-23}$$

于是式(5-22)可改写为：

$$\frac{dV}{d\theta} = \frac{KA^2}{2(V+V_e)} \tag{5-24}$$

式中，K 为过滤常数，由物料特性及过滤压差所决定，单位是 m^2/s。
将式(5-24)分离变量积分，整理得：

$$\int_0^V (V+V_e)\,dV = \frac{KA^2}{2} \int_0^\theta d\theta \tag{5-25}$$

即

$$V^2 + 2VV_e = KA^2\theta \tag{5-26}$$

令 $q = \dfrac{V}{A}$，$q_e = \dfrac{V_e}{A}$，得到：

$$q^2 + 2q_e q = K\theta \qquad (5\text{-}27)$$

式(5-26)和式(5-27)为恒压过滤基本方程。

进一步把式(5-27)变形得到：

$$\frac{\theta}{q} = \frac{1}{K}q + \frac{2}{K}q_e \qquad (5\text{-}28)$$

式(5-28)中 θ/q 与 q 成直线关系，直线的斜率为 $1/K$，截距为 $2q_e/K$。

可以每隔一定的时间测量所得到的滤液体积，得到 θ/q 与 q 的相关数据，利用最小二乘法进行线性拟合，得到回归直线方程，并且计算得到过滤常数 K、q_e 和 θ_e。

【实验装置】

实验装置 1 如图 5-9 所示。

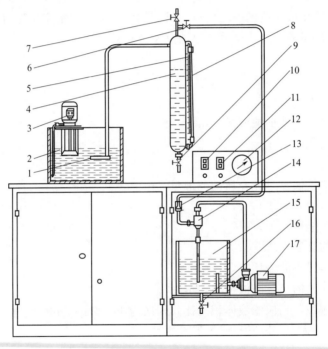

图 5-9　恒压过滤实验装置流程示意图

1—过滤板；2—滤浆槽；3—电泵；4—滤液计量筒；5—标尺；6—真空调节阀；7—放气阀；8—液面计；
9—放液阀；10—电泵开关；11—水泵开关；12—真空表；13—单向泵；
14—水喷射泵；15—循环水槽；16—放水阀；17—循环水泵

实验装置 2 如图 5-10 所示，滤浆槽内配有一定浓度的轻质碳酸钙悬浮液（浓度在 4%～6% 左右），用电动搅拌器搅拌均匀（以浆液不出现旋涡为好）。启动旋涡泵，调节阀门 7 和阀门 13，使压力表 6 指示在规定值。滤液量在计量桶内计量。

检查真空泵内真空泵油是否在视镜液面以上。过滤漏斗如图 5-11 所示，在滤浆中潜没一定深度，让滤介质平行于液面，防止空气被抽入造成滤饼厚度不均匀。利用放空阀 7 进行调节。控制系统内真空度恒定，以保证在恒压状态下操作。

电动搅拌器为无级调速，具体使用方法如下。

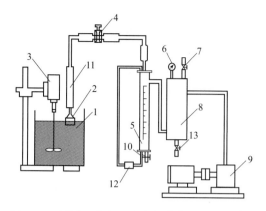

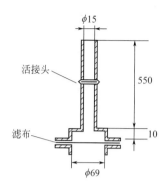

图 5-10　恒压（真空）过滤实验装置流程示意图

图 5-11　过滤漏斗结构图

1—滤浆槽；2—过滤漏斗；3—搅拌电机；4—阀门；5—积液瓶；6—真空压力表；

7—针形放空阀；8—缓冲罐；9—真空泵；10—放液阀；11—真空胶皮管；

12—压差计；13—缓冲罐放液阀

① 系统接上电源，打开调速器开关，将调速钮从"小"至"大"位启动，不允许高速挡启动，转速状态下出现异常时或实验完毕后将调速钮恢复最小位。

② 实验设备要接地线，确保安全。

③ 启动搅拌前，用手旋转一下搅拌轴以保证能够顺利启动搅拌。

【实验步骤】

（1）实验装置 1 的实验步骤

① 将帆布放在过滤板上，四周拉紧，将粗线绳塞进过滤板四周的沟槽里，将帆布固定紧，然后将过滤板按流程接入真空系统。

② 将一定量的粉状 $CaCO_3$ 混入已装有水的滤浆槽内，用搅拌器搅拌使之成为悬浮液体，作为滤浆。悬浮液的浓度可按需要配制。

③ 开动水泵，使真空喷射泵开始工作，若系统不能造成真空，检查原因，做适当处理。

④ 真空系统运转正常后，做好实验前的准备工作。首先初步调好实验时真空度，可将连接过滤板与滤液计量筒胶管处旋塞关闭，用真空调节阀调节真空度，然后将计量筒加水建立零点。可取少量清水，将过滤板放入水中，打开连接过滤板与滤液计量筒胶管处旋塞，靠初步调好的真空度将清水吸入计量筒内至某液位，然后关闭此旋塞，秒表回零。开动搅拌器，使滤浆成悬浮液（若已沉淀可先用搅拌棒搅拌一下）。将过滤板放入滤浆槽里固定。

⑤ 实验测定。过滤实验是一个不稳定的操作过程，所以，过滤一开始时，同时记录过滤时间和对应得到的滤液体积。过滤真空度可选 0.01MPa 和 0.04MPa。每次测定 5~6 组数据。实验过程中注意调节真空度。滤液量和过滤时间要连续记录，滤液量的间隔最好相等，可控制液面计高度在 80~100mm 刻度左右。

⑥ 改变真空度，重复上述实验。

⑦ 实验结束后，关闭水泵和搅拌器的电源，并清理物料及设备，恢复到实验前的状态。

（2）实验装置 2 的实验步骤

① 系统接上电源，启动电动搅拌器，待槽内浆液搅拌均匀，打开加热开关，将过滤漏斗按流程图所示位置安装好，固定于浆液槽内。

② 打开放空阀 7，关闭阀门 4 及放液阀 10。

③ 启动真空泵，用放空阀 7 及时调节系统内的真空度，使真空表的读数稍大于指定值，然后打开阀门 4 进行抽滤。在此后的时间内要注意观察真空表的读数应恒定于指定值。当滤液开始流入计量瓶时，按下秒表计时，作为恒压过滤时间的起点。记录滤液每增加 100mm 所用的时间。当计量瓶读数为 900mm 时停止计时，并立即关闭阀门 4。

④ 把放空阀 7 全开，关闭真空泵，打开阀门 4，利用系统内的大气压和液位高度差，把吸附在过滤介质上的滤饼压回槽内，放出计量瓶内的滤液并倒回槽内，以保证滤浆浓度恒定。卸下过滤漏斗，洗净待用。

⑤ 改变真空度，重复上述实验。

⑥ 可根据不同的实验要求，自行选择不同的真空度，测定过滤常数：K、q_e。

【实验注意事项】

每个压力的实验做完，必须清理滤板上的滤饼，之后才能做下一个压力的实验。

【数据处理】

利用计算机软件（Origin 或者 Excel）对数据进行线性拟合，算出拟合公式和拟合度，并计算过滤常数 K、q_e、θ_e，进行实验结果分析与讨论。

【思考题】

① 过滤刚开始时，为什么滤液总是浑浊的？

② 如果滤液的黏度比较大，用什么方法改善过滤速度？

③ 滤浆的浓度和过滤压差对过滤常数 K 有何影响？

④ 当操作压强增加一倍，其 K 值是否也增加一倍？要得到同样的过滤量，其过滤时间是否可缩短一半？

⑤ 说明过滤方程中 q_e 和 θ_e 的物理意义。

⑥ 为什么过滤开始时，滤液常常有点浑浊，而过段时间后才变清？

⑦ 测定过滤常数有什么意义？

5.9 传热综合实验

【实验目的】

① 通过对空气-水蒸气简单套管换热器的实验研究，掌握对流传热系数 α_i 的测定方法，加深对其概念和影响因素的理解。

② 通过对管程内部插有螺旋线圈的空气-水蒸气强化套管换热器的实验研究，掌握对流传热系数 α_i 的测定方法，加深对其概念和影响因素的理解。

③ 学会并应用线性回归分析方法，确定关联式 $Nu = ARe^m Pr^{0.4}$ 中常数 A、m 的值。

④ 由实验数据及关联式 $Nu = ARe^m Pr^{0.4}$ 计算出 Nu、Nu_0，求出强化比 Nu/Nu_0，加深理解强化传热的基本理论和基本方式。

⑤ 通过计算机程序运行完成整个实验的调节控制，了解电动调节阀的调节方法，由计算机系统自动对实验数据进行采集、处理以及图像生成。

【实验原理】

（1）普通套管换热器传热系数测定及特征数关联式的确定

① 对流传热系数 α_i 的测定：对流传热系数 α_i 可以根据牛顿冷却定律，通过实验来测定。因为 $\alpha_i \ll \alpha_o$，所以传热管内的对流传热系数 $\alpha_i \approx K$，$K[\text{W}/(\text{m}^2 \cdot \text{℃})]$ 为热冷流体间的总传热系数，且

$$K = Q_i/(\Delta t_m S_i)$$

所以
$$\alpha_i \approx \frac{Q_i}{\Delta t_m S_i} \qquad (5\text{-}29)$$

式中　α_i——管内流体对流传热系数，$\text{W}/(\text{m}^2 \cdot \text{℃})$；

Q_i——管内传热速率，W；

S_i——管内换热面积，m^2；

Δt_m——管内平均温度差，℃。

平均温度差由下式确定：
$$\Delta t_m = t_w - t_m \qquad (5\text{-}30)$$

式中，t_m 为冷流体的入口、出口平均温度，℃；t_w 为壁面平均温度，℃。

因为换热器内管为紫铜管，其热导率很大，且管壁很薄，故认为内壁温度、外壁温度和壁面平均温度近似相等，用 t_w 来表示，由于管外使用蒸汽，所以 t_w 近似等于热流体的平均温度。

管内换热面积：
$$S_i = \pi d_i L_i \qquad (5\text{-}31)$$

式中　d_i——内管内径，m；

L_i——传热管测量段的实际长度，m。

由热量衡算式：
$$Q_i = W_i c_{pi}(t_{i2} - t_{i1})(\text{W}) \qquad (5\text{-}32)$$

其中质量流量由下式求得：
$$W_i = V_m \rho_i (\text{kg/s}) \qquad (5\text{-}33)$$

式中　V_m——冷流体在套管内的实际平均体积流量，m^3/s；

c_{pi}——冷流体的定压比热容，$\text{J}/(\text{kg} \cdot \text{℃})$；

ρ_i——冷流体的密度，kg/m^3。

c_{pi} 和 ρ_i 可根据定性温度 t_m 查得，$t_m = \dfrac{t_{i1} + t_{i2}}{2}$ 为冷流体进、出口平均温度。t_{i1}，t_{i2}，t_w，V_i 可采取一定的测量手段得到。

② 对流传热系数特征数关联式的实验确定：流体在管内做强制湍流，被加热状态，特征数关联式的形式为：

$$Nu_i = ARe_i^m Pr_i^n \tag{5-34}$$

式中　　$Nu_i = \dfrac{\alpha_i d_i}{\lambda_i},\qquad Re_i = \dfrac{u_i d_i \rho_i}{\mu_i},\qquad Pr_i = \dfrac{c_{pi}\mu_i}{\lambda_i}$

物性数据 λ_i、c_{pi}、ρ_i、μ_i 可根据定性温度 t_m 查得。经过计算可知，对于管内被加热的空气，普兰特数 Pr_i 变化不大，可以认为是常数，则关联式的形式简化为：

$$Nu_i = ARe_i^m Pr_i^{0.4} \tag{5-35}$$

这样，通过实验确定不同流量下 Re_i 与 Nu_i，然后对上式两边取对数，用线性回归方法确定 A 和 m 的值。

$$\ln(Nu_i/Pr_i^{0.4}) = \ln A + m\ln Re_i$$

以 $\ln Re_i$ 为横坐标，以 $\ln(Nu_i/Pr_i^{0.4})$ 为纵坐标绘图，可得一条直线，其斜率为 m，截距为 $\ln A$，从而求出 A。可利用计算机软件（Origin 或者 Excel）对数据进行线性拟合。

（2）空气流过测量段上平均流量的计算　由节流式流量计的流量公式和理想气体的状态方程式可推导出。

孔板流量计体积流量：
$$V_{t1} = C_0 A_0 \sqrt{\dfrac{2\Delta p}{\rho_{t1}}} \tag{5-36}$$

$$A_0 = \dfrac{\pi}{4} d_0^2 \tag{5-37}$$

式中　　C_0——流量计流量系数，$C_0 = 0.65$；

　　　　d_0——节流孔开孔直径，$d_0 = 0.014\text{m}$；

　　　　A_0——节流孔开孔面积，m^2；

　　　　Δp——节流孔上下游两侧压力差，Pa；

　　　　ρ_{t1}——孔板流量计处 t_{i1}（冷流体进口温度）时空气的密度，kg/m^3。

传热管内平均体积流量 V_m：
$$V_m = V_{t1} \times \dfrac{273 + t_m}{273 + t_{i1}} \tag{5-38}$$

式中　　V_m——冷流体在套管内的实际平均体积流量，m^3/s；

　　　　t_{i1}——流量计处（冷流体进口温度）空气的温度，$℃$；

　　　　V_{t1}——孔板流量计体积流量，m^3/s；

　　　　t_m——冷流体进出口平均温度，$℃$。

（3）强化套管换热器传热系数、特征数关联式及强化比的测定　强化传热技术，可以使初设计的传热面积减小，从而减小换热器的体积和重量，提高现有换热器的换热能力，达到强化传热的目的。同时换热器能够在较低温差下工作，减少了换热器工作阻力，可减少动力消耗，更合理有效地利用能源。强化传热的方法有多种，本实验装置采用了多种强化方式。

螺旋线圈的结构图如图 5-12 所示，螺旋线圈由直径 3mm 以下的铜丝和钢丝按一定节距绕成。将金属螺旋线圈插入并固定在管内，即可构成一种强化传热管。在近壁区域，流体一面由于螺旋线圈的作用而发生旋转，一面还周

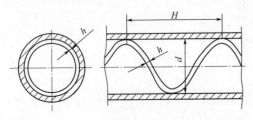

图 5-12　螺旋线圈强化管内部结构

期性地受到线圈的螺旋金属丝的扰动，因而可以使传热强化。由于绕制线圈的金属丝很细，流体旋流强度也较弱，所以阻力较小，有利于节省能源。螺旋线圈以线圈节距 H 与管内径 d 的比值以及管壁粗糙度（$2d/h$）为主要技术参数，且长径比是影响传热效果和阻力系数的重要因素。

科学家通过实验研究总结了形式为 $Nu = BRe^m$ 的经验公式，其中 B 和 m 的值因强化方式不同而不同。在本实验中，确定不同流量下的 Re 与 Nu，用线性回归方法可确定 B 和 m 的值。

【实验装置】

① 实验装置流程示意图如图 5-13 所示。

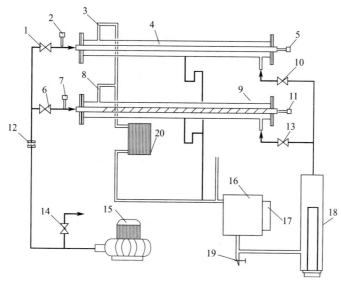

图 5-13　传热综合实验装置流程图

1—光滑管空气进口阀；2—光滑管空气进口温度计；3—光滑管蒸汽出口；4—光滑套管换热器；5—光滑管空气出口温度计；
6—强化管空气进口阀；7—强化管空气进口温度计；8—强化管蒸汽出口；9—内插有螺旋线圈的强化套管换热器；
10—光滑套管蒸汽进口阀；11—强化管空气出口温度计；12—孔板流量计；13—强化套管蒸汽进口阀；
14—空气旁路调节阀；15—旋涡气泵；16—储水罐；17—液位计；18—蒸汽发生器；
19—排水阀；20—散热器；其中 2，5，7，11，12 为测试点

② 实验设备主要技术参数如表 5-2 所示。

表 5-2　实验设备主要技术参数

项　　目		参　　数
实验内管内径 d_i/mm		20.00
实验内管外径 d_o/mm		22.0
实验外管内径 D_i/mm		50
实验外管外径 D_o/mm		57.0
测量段（紫铜内管）长度 L/m		1.20
强化内管内插物	丝径 h/mm	1
（螺旋线圈）尺寸	节距 H/mm	40

项　　目		参　　数
孔板流量计流量系数(C_0)及孔径(d_0)		$C_0=0.65$、$d_0=0.014$m
旋涡气泵		XGB-2 型
加热釜	操作电压	≤200V
	操作电流	≤10A

③ 实验装置面板示意图如图 5-14 所示。

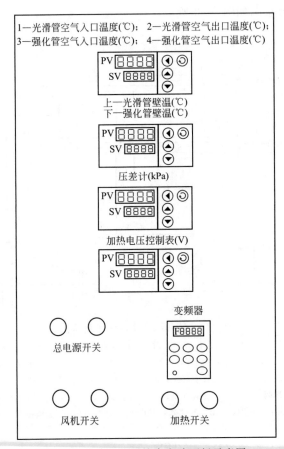

图 5-14　传热过程综合实验面板示意图

【实验步骤】

(1) 实验前的检查准备

① 向水箱中加水至液位计上端。

② 检查空气旁路调节阀 14 是否全开（应全开）。

③ 检查蒸汽管支路各控制阀 10（13）和空气支路控制阀 1（6）是否已打开（应保证有一路是开启状态），保证蒸汽和空气管线畅通。

④ 合上电源总闸，设定加热电压，启动电加热器开关，开始加热。

(2) 开始实验

△手动实验操作。

① 合上电源总开关。打开加热开关，设定加热电压（不得大于 200V），直至有水蒸气

冒出，在整个实验过程中始终保持换热器蒸汽出口 3（8）处有水蒸气冒出。（加热电压的设定：按一下加热电压控制表的 ◀ 键，在仪表的 SV 显示窗中右下方出现一闪烁的小点，每按一次 ◀ 键，小点便向左移动一位，小点在哪个位置上就可以利用 ▲、▼ 键调节相应位置的数值，调好后在不按动仪表上任何按键的情况下 30s 后仪表自动确认，并按所设定的数值应用。）

② 利用变频器启动风机（按变频器上的 STOP 键）并用空气旁路调节阀 14（见图 5-13）来调节空气的流量，在一定的流量下稳定 3～5min 后分别测量空气的流量，空气进、出口的温度［由温度巡检仪测量（如图 5-14 所示：1—光滑管空气入口温度；2—光滑管空气出口温度；3—强化管空气入口温度；4—强化管空气出口温度）］，换热器内管壁面的温度［由温度巡检仪测得（如图 5-14 所示：上—光滑管壁温；下—强化管壁温）］。然后，在改变流量稳定后，分别测量空气的流量，空气进、出口的温度以及壁温后继续实验。

③ 实验结束后，依次关闭加热、风机和总电源。一切复原。

【实验注意事项】

① 实验前将加热器内的水要加到指定位置，防止电热器干烧损坏电器。特别是每次实验结束后，进行下次实验之前，一定要检查水位，及时补充。

② 计算机数据采集和过程控制实验时，应严格按照计算机使用规程操作计算机，采集数据和控制过程中要注意观察实验现象。

③ 开始加热时，加热电压控制在 160V 左右为宜。

④ 加热约 10min 后，可提前启动鼓风机，保证实验开始时空气入口温度 t_1（℃）比较稳定，可节省实验时间。

⑤ 必须保证蒸汽上升管线的畅通，即在给蒸汽加热釜电压之前，两蒸汽支路控制阀之一必须全开。转换支路时，应先开启需要的支路阀门，再关闭另一侧阀门，且开启和关闭控制阀门时动作要缓慢，防止管线骤然截断使蒸汽压力过大而突然喷出。

⑥ 保证空气管线畅通，即在接通风机电源之前，两个空气支路控制阀之一和旁路调节阀必须全开。转换支路时，应先关闭风机电源，然后再开启或关闭控制阀。

⑦ 注意电源线的相线、零线、地线不能接错。

【数据处理】

确定不同流量下 Re_i 与 Nu_i，然后用线性回归方法确定 A 和 m 的值。

【思考题】

① 本实验中冷流体和蒸汽的流向对传热效果有什么影响？

② 为什么实验开始时必须首先排尽夹套里的不凝性气体以及积存的冷凝水？

③ 实验中铜管壁面温度是接近水蒸气温度还是接近空气的温度？为什么？

④ 在实验中，有哪些因素影响实验的稳定性？

⑤ 影响传热系数 K 的因素有哪些？如何强化该传热过程？

⑥ 在传热中，有哪些工程因素可以调动？你在操作中主要调动哪些因素？

⑦ 假定入口空气温度不变，随着空气流量的增加，出口温度有何变化？为什么？

⑧ 空气流过测量段上平均流量为何需要进行校正换算？

⑨ 测定对流传热系数有什么意义？

5.10　连续精馏实验

【实验目的】

① 熟悉精馏设备的工艺流程及筛板式精馏塔的结构，观察塔板上的气液接触状态；

② 掌握精馏塔的操作方法，通过操作掌握影响精馏操作的各因素之间的关系；

③ 掌握精馏塔性能参数的测量方法，并掌握其影响因素；

④ 测定精馏过程的动态特性，提高学生对精馏过程的认识。

【实验内容】

① 测定开车过程中，精馏塔在全回流条件下，塔顶温度等参数随时间的变化情况；

② 测定精馏塔在全回流、稳定操作条件下，塔体内温度沿塔高的分布；

③ 测定精馏塔在全回流条件下，稳定操作后的全塔理论塔板数和总板效率；

④ 测定精馏塔在某一回流比连续精馏时，稳定操作后塔体内温度沿塔高的分布、全塔理论塔板数和总板效率；

⑤ 在部分回流、稳定操作条件下，测定塔体内温度沿塔高的分布和塔顶浓度随回流比的变化情况；

⑥ 在部分回流、稳定操作条件下，测定塔体内温度沿塔高的分布和塔顶浓度随进料流量的变化情况；

⑦ 在部分回流、稳定操作条件下，测定塔体内温度沿塔高的分布和塔顶浓度随进料组成的变化情况；

⑧ 在部分回流、稳定操作条件下，测定塔体内温度沿塔高的分布和塔顶浓度随进料热状况的变化情况。

【实验原理】

精馏塔是分离均相混合物的重要设备。一般用全塔效率衡量板式精馏塔的分离性能。全塔效率的定义为：

$$E_T = \frac{N_T}{N_P} \times 100\% \tag{5-39}$$

式中　E_T——总板效率；

　　　N_T——理论塔板数；

　　　N_P——实际塔板数。

由式(5-39)可见，要测定精馏塔的全塔效率，关键是确定理论塔板数。

对于全回流操作时特定分离要求的理论塔板数，必须确定物系的相平衡关系和塔顶、塔釜产品组成。本实验的物系为乙醇-正丙醇二元物系，常压下该物系的气、液相平衡数据可通过查取获得，所以本实验的主要工作是测定塔顶馏出液组成 x_D 和塔底釜液组成 x_W。根据测得的塔顶和塔底组成，采用图解法求理论塔板数。

对于部分回流的二元物系，如已知其气液平衡数据，则根据精馏塔的原料液组成、进料热状况、操作回流比及塔顶馏出液组成、塔底釜液组成，可以求出该塔的理论塔板数 N_T。

无论是逐板计算法还是图解法，若能获得精馏段与提馏段的操作方程、产品的分离要求，则可确定部分回流操作时的理论塔板数。

精馏段的操作方程为：

$$y_{n+1}=\frac{R}{R+1}x_n+\frac{x_D}{R+1} \tag{5-40}$$

提馏段的操作方程为：

$$y_{n+1}=\frac{\overline{L}}{\overline{V}}x_n-\frac{Wx_W}{\overline{V}} \tag{5-41}$$

q 线方程为：

$$y=\frac{q}{q-1}x-\frac{x_F}{q-1} \tag{5-42}$$

显然，点 (x_W, y_W) 位于提馏段操作线上。因为 q 线方程为精馏段与提馏段操作方程的交点轨迹方程，所以也可以用 q 线方程与精馏段操作方程的交点 (x_q, y_q) 和点 (x_W, y_W) 确定提馏段操作方程，即

$$y_{n+1}=\frac{y_q-x_W}{x_q-x_W}x+\left(\frac{y_q-x_W}{x_q-x_W}-1\right)x_W \tag{5-43}$$

由式(5-40)、式(5-42) 和式(5-43) 可见，若能通过实验测定塔顶、塔釜产品的组成，原料的组成和原料的温度（q 由原料的组成与温度确定），回流比，则可确定精馏段与提馏段的操作方程，然后利用图解法就可以求得理论塔板数。

部分回流时，进料热状况参数的计算式为

$$q=\frac{C_{p,m}(t_{BP}-t_F)+r_m}{r_m} \tag{5-44}$$

式中 t_F——进料温度，℃；

       t_{BP}——进料的泡点温度，℃；

     $C_{p,m}$——进料液体在平均温度 $(t_F+t_{BP})/2$ 下的比热容，kJ/(kmol·℃)；

       r_m——进料液体在其组成和泡点温度下的汽化潜热，kJ/kmol。

$$C_{p,m}=C_{p1}M_1x_1+C_{p2}M_2x_2 \quad [kJ/(kmol·℃)] \tag{5-45}$$

$$r_m=r_1M_1x_1+r_2M_2x_2 \quad (kJ/kmol) \tag{5-46}$$

式中 C_{p1}，C_{p2}——纯组分 1 和组分 2 在平均温度下的比热容，kJ/(kmol·℃)；

      r_1，r_2——纯组分 1 和组分 2 在泡点温度下的汽化潜热，kJ/kg；

     M_1，M_2——纯组分 1 和组分 2 的摩尔质量，kg/kmol；

      x_1，x_2——纯组分 1 和组分 2 在进料中的摩尔百分比。

乙醇、正丙醇汽化热与热容的经验计算公式：

乙醇： $r=-0.0042t^2-1.507t+985.14 \tag{5-47}$

$$C_p=0.00004t^2+0.0062t+2.2332 \tag{5-48}$$

正丙醇： $r=-0.0031t^2-1.1843t+839.79 \tag{5-49}$

$$C_p=8\times10^{-7}t^3+0.0001t^2+0.0037t+2.222 \tag{5-50}$$

式中 r——进料的质量汽化热，kJ/kg；

       C_p——进料的质量热容，kJ/(kg·K)。

【实验装置】

① 实验设备流程图如图 5-15 所示。

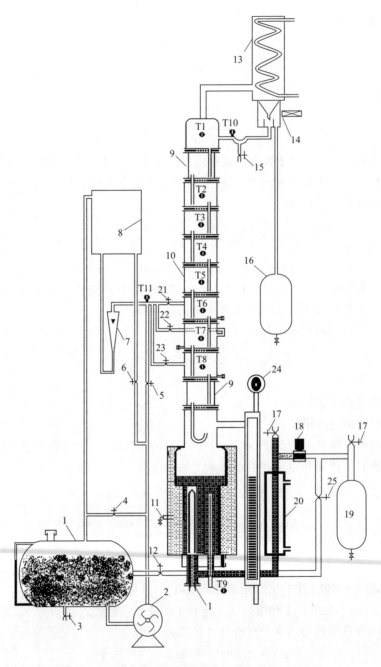

图 5-15　实验装置流程示意图

1—储料罐；2—进料泵；3—放料泵；4—料液循环阀；5—直接进料阀；6—间接进料阀；7—流量计；
8—高位槽；9—玻璃观察段；10—精馏塔；11—塔釜取样阀；12—釜液放空阀；13—塔顶冷凝器；
14—回流比控制器；15—塔顶取样阀；16—塔顶液回收罐；17—放空阀；18，25—塔釜出料阀；
19—塔釜储料罐；20—塔釜冷凝器；21—第六块板进料阀；22—第七块板进料阀；
23—第八块板进料阀；24—液位计；T1～T11—温度测点

② 实验设备面板图如图 5-16 所示。

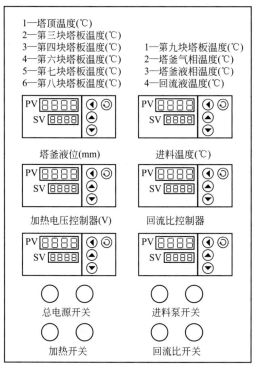

1—塔顶温度(℃)
2—第三块塔板温度(℃)
3—第四块塔板温度(℃)   1—第九块塔板温度(℃)
4—第六块塔板温度(℃)   2—塔釜气相温度(℃)
5—第七块塔板温度(℃)   3—塔釜液相温度(℃)
6—第八块塔板温度(℃)   4—回流液温度(℃)

塔釜液位(mm)   进料温度(℃)

加热电压控制器(V)   回流比控制器

总电源开关   进料泵开关

加热开关   回流比开关

图 5-16　精馏设备仪表面板图

③ 实验设备主要技术参数：精馏塔实验装置结构参数见表 5-3。

表 5-3　精馏塔结构参数

名　称	直径/mm	高度/mm	板间距/mm	板数/块	板型、孔径/mm	降液管/mm	材　质
塔体	Φ57×3.5	100	100	10	筛板 2.0	Φ8×1.5	不锈钢
塔釜	Φ100×2	300					不锈钢
塔顶冷凝器	Φ57×3.5	300					不锈钢
塔釜冷凝器	Φ39×3.5	230					不锈钢

【实验步骤】

（1）实验前检查准备工作

① 将与阿贝折光仪配套使用的超级恒温水浴调整运行到所需温度（30℃），并记录温度值。将取样用注射器和镜头纸备好。

② 确定实验装置上的各个旋塞、阀门均应处于关闭状态。

③ 配制一定浓度（质量分数 20% 左右）的乙醇-正丙醇混合液（总容量 15L 左右），倒入储料罐。

④ 打开直接进料阀和进料泵开关，向精馏釜内加料到指定高度（冷液面在塔釜总高 2/3 处），而后关闭进料阀和进料泵。

（2）实验操作

① 全回流操作：

a. 打开塔顶冷凝器进水阀门，保证冷却水足量（60L/h 即可）。

b. 记录室温。接通总电源开关（220V）。

c. 调节加热电压约为130V，待塔板上建立液层后再适当加大电压，使塔内维持正常操作。

d. 当各块塔板上鼓泡均匀后，保持加热釜电压不变，在全回流情况下稳定20min左右。期间要随时观察塔内传质情况，直至操作稳定。分别在塔顶、塔釜取样口用50mL三角瓶同时取样，通过阿贝折光仪分析样品浓度。阿贝折光仪的使用方法见4.3。

② 部分回流操作：

a. 打开间接进料阀和进料泵，调节转子流量计，以2.0～3.0L/h的流量向塔内加料，用回流比控制调节器调节回流比为$R=4$，馏出液收集在塔顶液回收罐中。

b. 塔釜产品经冷却后由溢流管流出，收集在容器内。

c. 待操作稳定后，观察塔板上传质状况，记下加热电压、塔顶温度等有关数据，整个操作中维持进料流量计读数不变，分别在塔顶、塔釜和进料三处取样，用折光仪分析其浓度，并记录下进塔原料液的温度。

③ 实验结束

a. 测得实验数据并检查无误后可停止实验，关闭进料阀门和加热开关，关闭回流比调节器开关。

b. 停止加热10min后再关闭冷却水，一切复原。

c. 据物系的t-x-y关系，确定部分回流下进料的泡点，并进行数据处理。

【实验注意事项】

① 由于实验所用物系属易燃物品，所以实验中要特别注意安全，操作过程中避免洒落，以免发生危险。

② 本实验设备加热功率由仪表自动调节，注意控制加热，升温要缓慢，以免发生暴沸（过冷沸腾）使釜液从塔顶冲出。若出现此现象应立即断电，重新操作。升温和正常操作过程中釜的电功率不能过大。

③ 开车时要先接通冷却水，再向塔釜供热，停车时操作反之。

④ 检测浓度时使用阿贝折光仪。读取折射率时，一定要同时记录测量温度，并按给定的折射率-质量分数-测量温度关系测定相关数据。由于所测物系为易挥发物系，应先测试塔顶，再测试塔底。

⑤ 为便于对全回流和部分回流的实验结果（塔顶产品质量）进行比较，应尽量使两组实验的加热电压及所用料液浓度相同或相近。连续开出实验时，应将前一次实验时留存在塔釜、塔顶、塔底产品接收器内的料液倒回原料液储罐中循环使用。

【数据处理】

① 实验物系：乙醇-正丙醇的平衡关系，见表5-4。

表5-4　乙醇-正丙醇的t-x-y关系

$t/℃$	97.60	93.85	92.66	91.60	88.32	86.25	84.98	84.13	83.06	80.50	78.38
x	0	0.126	0.188	0.210	0.358	0.461	0.546	0.600	0.663	0.884	1.0
y	0	0.240	0.318	0.349	0.550	0.650	0.711	0.760	0.799	0.914	1.0

注：以乙醇摩尔分数表示，x—液相，y—气相；乙醇沸点：78.3℃；正丙醇沸点：97.2℃。

② 实验物系浓度要求：15%～25%（乙醇质量分数），浓度分析使用阿贝折光仪（操作方法见4.3），折射率与温度、溶液浓度的关系见表5-5。

表 5-5　温度-折射率-液相组成之间的关系

温度 折光指数 质量分数	25℃	30℃	35℃
0	1.3827	1.3809	1.3790
0.05052	1.3815	1.3796	1.3775
0.09985	1.3797	1.3784	1.3762
0.1974	1.3770	1.3759	1.3740
0.2950	1.3750	1.3755	1.3719
0.3977	1.3730	1.3712	1.3692
0.4970	1.3705	1.3690	1.3670
0.5990	1.3680	1.3668	1.3650
0.6445	1.3607	1.3657	1.3634
0.7101	1.3658	1.3640	1.3620
0.7983	1.3640	1.3620	1.3600
0.8442	1.3628	1.3607	1.3590
0.9064	1.3618	1.3593	1.3573
0.9509	1.3606	1.3584	1.3653
1.000	1.3589	1.3574	1.3551

③ n_D 为折光仪读数（折射率）。

通过质量分数求出摩尔分数（X_A），公式如下：

$$X_A = \frac{W_A/M_A}{W_A/M_A + 1 - W_A/M_B} \tag{5-51}$$

式中，W_A 为乙醇的质量分数；乙醇分子量 $M_A = 46$；正丙醇分子量 $M_B = 60$。

④ 计算全回流和部分回流状态下的理论塔板数和总板效率。

【思考题】

① 精馏塔操作的依据是什么？精馏操作得以实现的必要条件是什么？

② 如何控制精馏塔的正常操作？加热电流过大或过小对操作有什么影响？

③ 在板式塔中，气体、液体在塔内流动中，可能会出现几种操作现象？

④ 精馏塔操作中，塔釜压力为什么是一个重要操作参数？塔釜压力与哪些因素有关？

⑤ 在精馏操作中，如果回流比等于或者小于最小回流比，是否表示精馏操作无法进行？

⑥ 如果增加本塔的塔板数，在相同的操作条件下是否可以得到纯乙醇？为什么？

⑦ 总板效率、单板效率、点效率有何不同？测定部分回流时的效率需要测定哪些参数？

⑧ 为什么一般可以把塔釜当成一块理论板处理？

5.11 填料吸收实验

【实验目的】

① 了解填料吸收塔的基本结构、性能、特点及流程；

② 练习并掌握填料吸收塔操作方法；

③ 掌握总体积传质系数的测定方法；

④ 了解气体空塔速度和液体喷淋密度对总体积传质系数的影响；

⑤ 掌握填料吸收塔传质能力和传质效率的测定方法，练习对实验数据的处理分析。

【实验内容】

① 测定填料层压强降与操作气速的关系，确定在一定液体喷淋量下的液泛气速（见 5.5）。

② 固定液相流量和入塔混合气二氧化碳的浓度，在液泛速度下，取两个相差较大的气相流量，分别测量塔的传质能力（传质单元数和回收率）和传质效率（传质单元高度和体积吸收总系数）。

③ 进行纯水吸收二氧化碳、空气解吸水中二氧化碳的操作练习，同时测定填料塔液侧传质膜系数和总传质系数。

【实验原理】

（1）气体通过填料层的压强降　压强降是塔设计中的重要参数，气体通过填料层压强降的大小决定了塔的动力消耗。压强降与气、液流量均有关，不同液体喷淋量下填料层的压强降 Δp 与气速 u 的关系如图 5-17 所示。

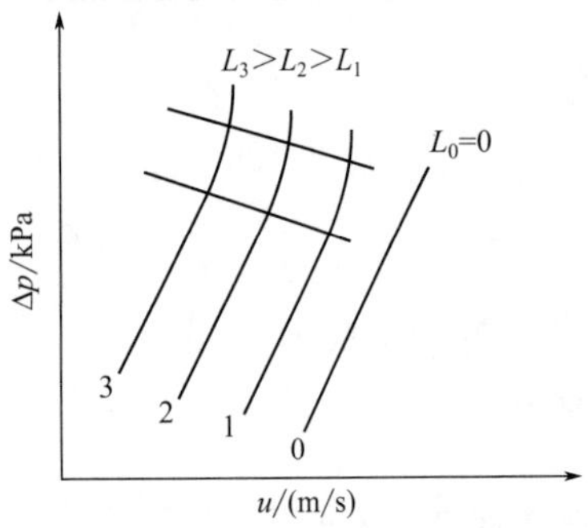

$L_0=0$ 表示液体喷淋量为 0，即干填料的 Δp-u 的关系是直线，如图中的 L_0。L_1、L_2 和 L_3 代表有一定的喷淋量，且喷淋量依次增加，如图中 1、2 和 3 有一定喷淋量的 Δp-u 的关系线，这三条关系线为折线且有两个转折点，下转折点为"载点"，上转折点为"泛点"。载点和泛点把 Δp-u 关系分为三个区，即恒持液量区、载液区及液泛区。

图 5-17　填料层的 Δp-u 关系

由 U 形管压差计读得 Δp，计算单位填料层高度上的压降 $\Delta p / Z$，塔中空气流速（空塔气速）为

$$u = \frac{V_{\mathrm{n}}}{3600\left(\dfrac{\pi}{4}\right)D^2} \tag{5-52}$$

因为空气流量计处温度不是 20℃，需要对读数进行校正，校正过程请参考 2.1.3 流量检测及仪表的例 2 计算要求。空气在不同温度下的密度查化工原理教材的附录。

（2）传质性能　吸收系数是决定吸收过程速率高低的重要参数，通过实验测定可获取吸收系数。对于相同的物系及一定的设备（填料类型与尺寸），吸收系数随着操作条件及气液接触状况的不同而变化。

二氧化碳吸收-解吸实验：根据双膜模型的基本假设（图 5-18），气侧和液侧的吸收质 A 的传质速率方程可分别表达为

气膜　　　　　　　　　　　$G_{\mathrm{A}} = k_{\mathrm{g}} A (p_{\mathrm{A}} - p_{\mathrm{Ai}})$ 　　　　　　　　(5-53)

液膜
$$G_A = k_1 A(c_{Ai} - c_A) \tag{5-54}$$

式中　G_A——A 组分的传质速率，kmol/s；

　　　A——两相接触面积，m^2；

　　　p_A——气侧 A 组分的平均分压，Pa；

　　　p_{Ai}——相界面上 A 组分的平均分压，Pa；

　　　c_A——液侧 A 组分的平均浓度，$kmol/m^3$；

　　　c_{Ai}——相界面上 A 组分的浓度，$kmol/m^3$；

　　　k_g——以分压表达推动力的气侧传质膜系数，$kmol/(m^2 \cdot s \cdot Pa)$；

　　　k_1——以物质的量浓度表达推动力的液侧传质膜系数，m/s。

以气相分压或以液相浓度表示传质过程推动力的相际传质速率方程又可分别表达为：

$$G_A = K_G A(p_A - p_A^*) \tag{5-55}$$

$$G_A = K_L A(c_A^* - c_A) \tag{5-56}$$

式中　p_A^*——液相中 A 组分的实际浓度所要求的气相平衡分压，Pa；

　　　c_A^*——气相中 A 组分的实际分压所要求的液相平衡浓度，$kmol/m^3$；

　　　K_G——以气相分压表示推动力的总传质系数，或简称为气相传质总系数，$kmol/(m^2 \cdot s \cdot Pa)$；

　　　K_L——以液相浓度表示推动力的总传质系数，或简称为液相传质总系数，m/s。

若气液相平衡关系遵循亨利定律：$c_A = Hp_A$，则：

$$\frac{1}{K_G} = \frac{1}{k_g} + \frac{1}{Hk_1} \tag{5-57}$$

$$\frac{1}{K_L} = \frac{H}{k_g} + \frac{1}{k_1} \tag{5-58}$$

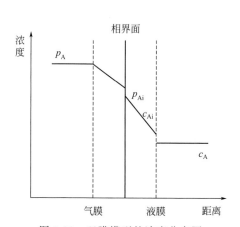

图 5-18　双膜模型的浓度分布图

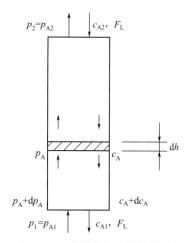

图 5-19　填料塔的物料衡算图

当气膜阻力远大于液膜阻力时，相际传质过程受气膜传质速率控制，此时，$K_G = k_g$；反之，当液膜阻力远大于气膜阻力时，则相际传质过程受液膜传质速率控制，此时，$K_L = k_1$。

如图 5-19 所示，在逆流接触的填料层内，任意截取一微分段，并以此为衡算系统，则由吸收质 A 的物料衡算可得：

$$dG_A = \frac{F_L}{\rho_L} dc_A \tag{5-59}$$

式中　F_L——液相摩尔流率，kmol/s；

　　　ρ_L——液相摩尔密度，kmol/m^3。

根据传质速率基本方程式，可写出该微分段的传质速率微分方程：

$$dG_A = K_L(c_A^* - c_A)aSdh \tag{5-60}$$

联立上两式可得：
$$dh = \frac{F_L}{K_L aS\rho_L} \times \frac{dc_A}{c_A^* - c_A} \tag{5-61}$$

式中　a——气液两相接触的比表面积，m^2/m；

　　　S——填料塔的横截面积，m^2。

本实验采用水吸收纯二氧化碳，且已知二氧化碳在常温常压下溶解度较小，因此，液相摩尔流率 F_L 和摩尔密度 ρ_L 的比值，亦即液相体积流率 V_{sL} 可视为定值，且设总传质系数 K_L 和两相接触比表面积 a 在整个填料层内为一定值，则按边值条件积分式(5-61)，可得填料层高度的计算公式：

$h = 0$　$c_A = c_{A2}$　$h = h$　$c_A = c_{A1}$

$$h = \frac{V_{sL}}{K_L aS} \int_{c_{A2}}^{c_{A1}} \frac{dc_A}{c_A^* - c_A} \tag{5-62}$$

令　$H_L = \dfrac{V_{sL}}{K_L aS}$，且称 H_L 为液相传质单元高度（HTU）；

　　$N_L = \displaystyle\int_{c_{A2}}^{c_{A1}} \frac{dc_A}{c_A^* - c_A}$，且称 N_L 为液相传质单元数（NTU）。

因此，填料层高度为传质单元高度与传质单元数之乘积，即

$$h = H_L N_L \tag{5-63}$$

若气液平衡关系遵循亨利定律，即平衡曲线为直线，则式(5-63) 为可用解析法解得填料层高度的计算式，亦即可采用下列平均推动力法计算填料层的高度或液相传质单元高度：

$$h = \frac{V_{sL}}{K_L aS} \times \frac{c_{A1} - c_{A2}}{\Delta c_{Am}} \tag{5-64}$$

$$N_L = \frac{h}{H_L} = \frac{h}{V_{sL}/(K_l \alpha S)} \tag{5-65}$$

式中，Δc_{Am} 为液相平均推动力，即

$$\Delta c_{Am} = \frac{\Delta c_{A1} - \Delta c_{A2}}{\ln \dfrac{\Delta c_{A1}}{\Delta c_{A2}}} = \frac{(c_{A1}^* - c_{A1}) - (c_{A2}^* - c_{A2})}{\ln \dfrac{c_{A1}^* - c_{A1}}{c_{A2}^* - c_{A2}}} \tag{5-66}$$

式中，$c_{A1}^* = Hp_{A1} = Hy_1 p_0$；$c_{A2}^* = Hp_{A2} = Hy_2 p_0$，$P_0$ 为大气压。
二氧化碳的溶解度常数：

$$H = \frac{\rho_w}{M_w} \times \frac{1}{E} \quad \text{kmol/(m}^3 \cdot \text{Pa)} \tag{5-67}$$

式中　ρ_w——水的密度，kg/m^3；

　　　M_w——水的摩尔质量，kg/kmol；

　　　E——二氧化碳在水中的亨利系数，Pa。

因本实验采用的物系不仅遵循亨利定律，而且气膜阻力可以不计，在此情况下，整个传质过程阻力都集中于液膜，即属液膜控制过程，则液侧体积传质膜系数等于液相体积传质总系数，亦即

$$k_1 a = K_L a = \frac{V_{sL}}{hS} \times \frac{c_{A1} - c_{A2}}{\Delta c_{Am}} \qquad (5-68)$$

【实验装置】

① 二氧化碳吸收与解吸实验装置流程图如图 5-20 所示。

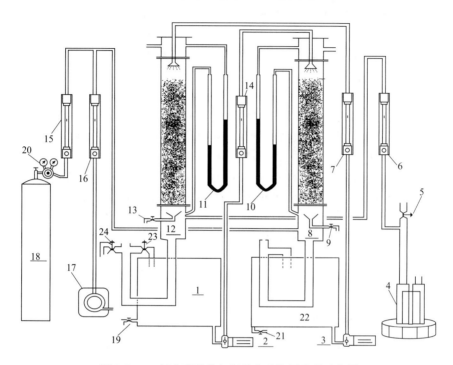

图 5-20 二氧化碳吸收与解吸实验装置流程示意图

1—解吸液储槽；2—吸收液液泵；3—解吸液液泵；4—风机；5—空气旁通阀；6—空气流量计；7—解吸液流量计；
8—吸收塔；9—吸收塔塔底取样阀；10,11—U 形管液柱压强计；12—解吸塔；13—解吸塔塔底取样阀；
14—吸收液流量计；15—CO₂ 流量计；16—吸收用空气流量计；17—吸收用气泵；18—CO₂ 钢瓶；
19,21—水箱放水阀；20—减压阀；22—吸收液储槽；23—回水阀；24—放水阀

② 实验仪表面板如图 5-21 所示。

③ 实验装置主要技术参数：

填料塔：玻璃管内径 $D = 0.076$m、塔高 1.50m、内装 $\varphi 10 \times$ 10mm 瓷拉西环。

填料层高度：$Z = 1.20$m、$Z = 1.00$m。

风机：XGB-12 型，550W。

二氧化碳钢瓶 2 个；减压阀 2 个（用户自备）。流量测量仪表：CO_2 转子流量计，型号 LZB-6，流量范围 0.06～0.6m³/h；空气转子流量计，型号 LZB-10，流量范围 0.25～2.5m³/h；水转子流量计，型号 LZB-10，流量范围 16～160L/h；解吸塔、吸收塔水转子流量计，型号 LZB-6，流量范围 6～60L/h。

浓度测量：吸收塔塔底液体浓度分析采用滴定分析法来确定。

温度测量：Pt100 铂电阻，用于测定气相、液相温度。

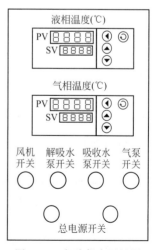

图 5-21 实验仪表面板图

【实验步骤】

（1）二氧化碳吸收传质系数测定 吸收塔与解吸塔（水流量控制在40L/h）。

① 打开阀门5（旁路调节阀），关闭阀门9、13。

② 启动吸收液泵2，将水经流量计14计量后打入吸收塔中，然后打开二氧化碳钢瓶顶上的针阀20，向吸收塔内通入二氧化碳气体（CO_2流量计15的阀门要全开），流量大小由流量计读出，控制在0.1m³/h左右。

③ 吸收进行15min后，启动解吸泵3，将吸收液经解吸液流量计7计量后打入解吸塔中，同时启动风机，利用阀门5调节空气流量（约0.25 m³/h）对解吸塔中的吸收液进行解吸。

④ 操作达到稳定状态之后，测量塔底的水温，同时取样，测定两塔塔顶、塔底溶液中二氧化碳的含量。（实验时注意吸收塔流量计和解吸塔流量计数值要一致，并注意解吸水箱中的液位，两个流量计要及时调节，以保证实验时操作条件不变。）

（2）二氧化碳含量测定 用移液管吸取0.1mol/L的$Ba(OH)_2$溶液10mL，放入三角瓶中，并从塔底附设的取样口处接收塔底溶液10 mL，用胶塞塞好，振荡。溶液中加入2~3滴酚酞指示剂摇匀，用0.1mol/L的盐酸滴定到粉红色消失即为终点。

按下式计算得出溶液中二氧化碳浓度：

$$c_{CO_2} = \frac{2c_{Ba(OH)_2} V_{Ba(OH)_2} - c_{HCl} V_{HCl}}{2V_{溶液}} (mol/L) \tag{5-69}$$

【实验注意事项】

① 开启CO_2总阀门前，要先关闭减压阀，阀门开度不宜过大。

② 实验中要注意保持吸收塔流量计和解吸塔流量计数值一致，并随时关注水箱中的液位。

③ 分析CO_2浓度操作时动作要迅速，以免CO_2从液体中逸出，导致结果不准确。

【数据处理】

传质实验

利用公式 $k_1 a = K_L a = \dfrac{V_{sL}}{hS} \times \dfrac{c_{A1} - c_{A2}}{\Delta c_{Am}}$ 计算体积传质系数。

本实验中二氧化碳在水中的亨利系数见表5-6。

表5-6 二氧化碳在水中的亨利系数 $E \times 10^5 / kPa$

气体	温度/℃											
	0	5	10	15	20	25	30	35	40	45	50	60
亨利系数	0.738	0.888	1.05	1.24	1.44	1.66	1.88	2.12	2.36	2.60	2.87	3.46

【思考题】

① 在什么条件下有利于吸收的进行？

② 测定吸收系数的意义是什么？

③ 为什么要测定填料塔的流体力学性能？

④ 从传质推动力和传质阻力两方面分析吸收剂流量和温度对吸收过程的影响是什么？

⑤ 填料吸收塔塔底为什么要用液封？

⑥ 影响填料吸收塔传质系数的因素有哪些？

5.12 干燥实验

【实验目的】

① 练习并掌握干燥曲线和干燥速率曲线的测定方法。

② 练习并掌握物料含水量的测定方法。

③ 通过实验加深对物料临界含水量 X_c 概念及其影响因素的理解。

④ 练习并掌握恒速干燥阶段物料与空气之间对流传热系数的测定方法。

⑤ 学会用误差分析方法对实验结果进行误差估算。

【实验内容】

① 在某一固定空气流量和某固定的空气温度下测量一种物料干燥曲线、干燥速率曲线和临界含水量;

② 测定恒速干燥阶段物料与空气之间对流传热系数。

【实验原理】

当湿物料与干燥介质接触时,物料表面的水分开始汽化,并向周围介质传递。根据介质传递特点,干燥过程可分为两个阶段。

第一阶段为恒速干燥阶段。干燥过程开始时,由于整个物料湿含量较大,其物料内部水分能迅速到达物料表面。此时干燥速率由物料表面水分的汽化速率所控制,故此阶段称为表面汽化控制阶段。这个阶段中,干燥介质传给物料的热量全部用于水分的汽化,物料表面温度维持恒定(等于热空气湿球温度),物料表面的水蒸气分压也维持恒定,干燥速率恒定不变,故称为恒速干燥阶段。

第二阶段为降速干燥阶段。当物料干燥至水分达到临界湿含量后,便进入降速干燥阶段。此时物料中所含水分较少,水分自物料内部向表面传递的速率低于物料表面水分的汽化速率,干燥速率由水分在物料内部的传递速率所控制,称为内部迁移控制阶段。随着物料湿含量逐渐减少,物料内部水分的迁移速率逐渐降低,干燥速率不断下降,故称为降速干燥阶段。

恒速段干燥速率和临界含水量的影响因素主要有:固体物料的种类和性质,固体物料层的厚度或颗粒大小,空气的温度、湿度和流速以及空气与固体物料间的相对运动方式等。

恒速段干燥速率和临界含水量是干燥过程研究和干燥器设计的重要数据。本实验在恒定干燥条件下对帆布物料进行干燥,测绘干燥曲线和干燥速率曲线,目的是掌握恒速段干燥速率和临界含水量的测定方法及其影响因素。

(1)干燥速率测定

$$U=\frac{\mathrm{d}W'}{S\mathrm{d}\tau}\approx\frac{\Delta W'}{S\Delta\tau} \tag{5-70}$$

式中　U——干燥速率,$kg/(m^2 \cdot s)$;

　　　S——干燥面积,m^2(实验室现场提供);

　　　$\Delta\tau$——时间间隔,s;

　　　$\Delta W'$——$\Delta\tau$ 时间间隔内干燥汽化的水分量,kg。

（2）物料干基含水量

$$X = \frac{G' - G'_c}{G'_c} \qquad (5\text{-}71)$$

式中　X——物料干基含水量，kg 水/kg 绝干物料；

　　　G'——固体湿物料的量，kg；

　　　G'_c——绝干物料量，kg。

（3）恒速干燥阶段对流传热系数的测定

$$U_c = \frac{\mathrm{d}W'}{S\mathrm{d}\tau} = \frac{\mathrm{d}Q'}{r_{t_w}S\mathrm{d}\tau} = \frac{\alpha(t - t_w)}{r_{t_w}}$$

$$\alpha = \frac{U_c r_{t_w}}{t - t_w} \qquad (5\text{-}72)$$

式中　α——恒速干燥阶段物料表面与空气之间的对流传热系数，W/(m^2·℃)；

　　　U_c——恒速干燥阶段的干燥速率，kg/(m^2·s)；

　　　t_w——干燥器内空气的湿球温度，℃；

　　　t——干燥器内空气的干球温度，℃；

　　　r_{t_w}——t_w（℃）下水的汽化热，J/kg。

（4）干燥器内空气实际体积流量的计算　由节流式流量计的流量公式和理想气体的状态方程式可推导出：

$$V_t = V_{t_0} \times \frac{273 + t}{273 + t_0} \qquad (5\text{-}73)$$

式中　V_t——干燥器内空气实际流量，m^3/s；

　　　t_0——流量计处空气的温度，℃；

　　　V_{t_0}——常压下 t_0 时空气的流量，m^3/s；

　　　t——干燥器内空气的温度，℃。

$$V_{t_0} = C_0 A_0 \sqrt{\frac{2\Delta p}{\rho}} \qquad (5\text{-}74)$$

$$A_0 = \frac{\pi}{4} d_0^2 \qquad (5\text{-}75)$$

式中　C_0——流量计流量系数，$C_0 = 0.65$；

　　　d_0——节流孔开孔直径，$d_0 = 0.040\text{m}$；

　　　A_0——节流孔开孔面积，m^2；

　　　Δp——节流孔上下游两侧压力差，Pa；

　　　ρ——孔板流量计处 t_0 时空气的密度，kg/m^3。

【实验装置】

① 洞道式干燥器实验装置结构流程图，见图 5-22。

② 洞道式干燥器实验装置仪表面板图，见图 5-23。

③ 实验装置基本技术参数。

洞道尺寸：长 1.16m，宽 0.190m，高 0.24m；

加热功率：500～1500W；空气流量：1～5m^3/min；干燥温度：40～120℃；

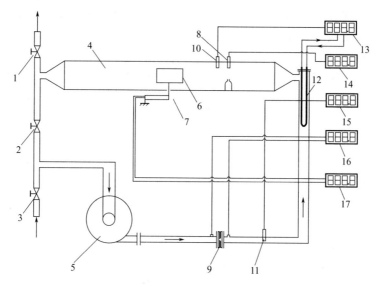

图 5-22　洞道式干燥器实验装置流程示意图

1—废气排出阀；2—废气循环阀；3—新鲜空气进口阀；4—洞道干燥室；5—风机；6—干燥物料（帆布）；

7—重量传感器；8—湿球温度计；9—孔板流量计；10—干球温度计；11—空气进口温度计；

12—电加热器；13—电加热器控制仪表；14—湿球温度显示仪表；15—孔板流量计处

温度计显示仪；16—孔板流量计压差变送器和显示仪；17—重量传感器显示仪

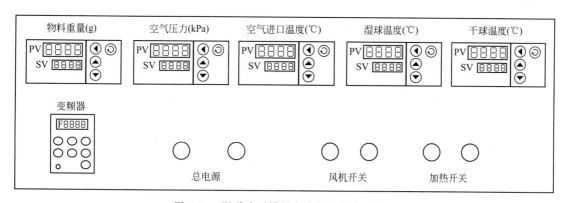

图 5-23　洞道式干燥器实验装置仪表面板图

重量传感器显示仪量程：0～200g；

干球温度计、湿球温度计显示仪量程：0～150℃；

孔板流量计处温度计显示仪量程：0～100℃；

孔板流量计压差变送器和显示仪量程：0～10kPa；

电子秒表绝对误差：0.5s。

【实验步骤】

① 将干燥物料（帆布）放入水中浸湿，将放湿球温度计纱布的烧杯装满水。

② 调节送风机吸入口的蝶阀 3（新鲜空气进口阀）到全开的位置后，启动风机。

③ 通过废气排出阀 1 和废气循环阀 2 调节空气到指定流量后，开启加热电源。在智能仪表中设定干球温度，仪表自动调节到指定的温度。

④ 在空气温度、流量稳定的条件下，读取重量传感器测定支架的重量，并记录下来。

⑤ 把充分浸湿的干燥物料（帆布）6固定在重量传感器7上，并与气流平行放置。

⑥ 在系统稳定状况下，记录干燥时间，每隔3min记录干燥物料减轻的重量，直至干燥物料的重量不再明显减轻为止。

⑦ 改变空气流量和空气温度，重复上述实验步骤，并记录相关数据。

⑧ 实验结束时，先关闭加热电源，待干球温度降至常温后关闭风机电源和总电源。一切复原。

【注意事项】

① 重量传感器的量程为0～200g，精度比较高，所以在放置干燥物料时务必轻拿轻放，以免损坏或降低重量传感器的灵敏度。

② 当干燥器内有空气流过时才能开启加热装置，以避干烧损坏加热器。本装置必须先开风机才能开加热开关。

③ 干燥物料要保证充分浸湿但不能有水滴滴下，否则将影响实验数据的准确性。

④ 实验进行中不要改变智能仪表的设置。

【数据处理】

① 根据实验结果绘制干燥曲线和干燥速率曲线，并得出恒速干燥速率、临界含水量和平衡含水量；

② 计算出恒速干燥阶段物料与空气之间的对流传热系数；

③ 分析空气流量或温度对恒定干燥速率、临界含水量的影响。

【思考题】

① 什么是干燥曲线和干燥速率曲线？

② 测定干燥曲线有什么意义？

③ 影响干燥速率的因素有哪些？

④ 在很高温度的空气流中干燥，经过相当长的时间，是否能得到绝干物料？

⑤ 影响干燥速率的因素有哪些？如何提高干燥速率？

说明：

① 实验数据符号意义如下：

S——干燥面积，m^2；G_c——绝干物料量，g；R——空气流量计的读数，kPa；

T_0——干燥器进口空气温度，℃；　　　　　　t——试样放置处的干球温度，℃；

t_w——试样放置处的湿球温度，℃；　　　　　G_D——试样支撑架的质量，g；

G_T——被干燥湿物料和支撑架的总质量，g；G——被干燥湿物料质量，g；

T——累计的干燥时间，s；

X——物料干基含水量，kg 水/kg 绝干物料；

X_{AV}——两次记录之间被干燥物料的平均含水量，kg 水/kg 绝干物料；

U——干燥速率，kg 水/(s·m^2)。

② 数据计算举例：以实验报告中第 i 和 $i+1$ 组数据为例。

被干燥的湿物料的质量 G：
$$G_i = G_{T,i} - G_D$$
$$G_{i+1} = G_{T,i+1} - G_D$$

被干燥物料的干基含水量 X：
$$X_i = \frac{G_i - G_c}{G_c}$$

$$X_{i+1} = \frac{G_{i+1} - G_c}{G_c}$$

物料平均含水量 X_{AV}

$$X_{AV} = \frac{X_i + X_{i+1}}{2}$$

平均干燥速率 $U = -\dfrac{G_c \times 10^{-3}}{S} \times \dfrac{\mathrm{d}X}{\mathrm{d}T} = -\dfrac{G_c \times 10^{-3}}{S} \times \dfrac{X_{i+1} - X_i}{T_{i+1} - T_i}$

干燥曲线 X-T 曲线，用 X、T 数据进行标绘。

干燥速率曲线 U-X 曲线，用 U、X_{AV} 数据进行标绘。

5.13 液液萃取实验

【实验目的】

① 直观展示转盘萃取塔的基本结构以及实现萃取操作的基本流程。

② 观察萃取塔内桨叶在不同转速下，分散相液滴变化情况和流动状态。

③ 练习并掌握转盘萃取塔性能的测定方法。

【实验内容】

① 观察不同转速时，塔内液滴变化情况和流动状态；

② 固定两相流量，测定不同转速时萃取塔的传质单元数 N_{OE}、传质单元高度 H_{OE} 及总的传质系数 $K_{YE}a$。

【实验原理】

对于液体混合物的分离，除可采用蒸馏方法外，还可采用萃取方法，即在液体混合物（原料液）中加入一种与其基本不相混溶的液体作为溶剂，利用原料液中的各组分在溶剂中溶解度的差异来分离液体混合物，即液液萃取，简称萃取。选用的溶剂称为萃取剂，以字母 S 表示，原料液中易溶于 S 的组分称为溶质，以字母 A 表示，原料液中难溶于 S 的组分称为原溶剂或稀释剂，以字母 B 表示。

萃取操作一般是将一定量的萃取剂和原料液同时加入萃取器中，在外力作用下充分混合，溶质通过相界面由原料液向萃取剂中扩散。两液相由于密度差而分层。一层以萃取剂 S 为主，溶有较多溶质，称为萃取相，用字母 E 表示；另一层以原溶剂 B 为主，且含有未被萃取完的溶质，称为萃余相，以 R 表示。萃取操作并未把原料液全部分离，而是将原来的液体混合物分为具有不同溶质组成的萃取相 E 和萃余相 R。通常萃取过程中一个液相为连续相，另一个液相以液滴的形式分散在连续的液相中，称为分散相。液滴表面积即为两相接触的传质面积。

本实验操作中，以水为萃取剂，从煤油中萃取苯甲酸。所以，水相为萃取相（又称为连续相、重相），用字母 E 表示，煤油相为萃余相（又称为分散相、轻相），用字母 R 表示。萃取过程中，苯甲酸部分地从萃余相转移至萃取相，萃取过程示意图如图 5-24 所示。

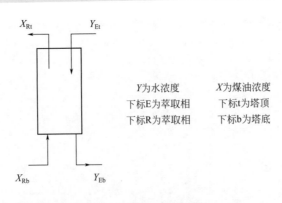

Y 为水浓度　　　　X 为煤油浓度

下标 E 为萃取相　　下标 t 为塔顶

下标 R 为萃取相　　下标 b 为塔底

图 5-24　萃取过程示意图

萃取相传质单元数 N_{OE} 的计算公式为：$N_{OE} = \int_{Y_{Et}}^{Y_{Eb}} \dfrac{dY_E}{Y_E^* - Y_E}$ (5-76)

式中 Y_{Et}——苯甲酸进入塔顶的萃取相质量比组成，kg 苯甲酸/kg 水，本实验中

         $Y_{Et} = 0$；

     Y_{Eb}——苯甲酸离开塔底萃取相质量比组成，kg 苯甲酸/kg 水；

     Y_E——苯甲酸在塔内某一高度处萃取相质量比组成，kg 苯甲酸/kg 水；

     Y_E^*——与苯甲酸在塔内某一高度处萃余相组成 X_R 成平衡的萃取相中的质量比组成，

         kg 苯甲酸/kg 水。

利用 Y_E-X_R 图上的分配曲线（平衡曲线）与操作线，可求得 $\dfrac{1}{Y_E^* - Y_E}$-Y_E 关系，再进

行图解积分，可求得 N_{OE}。对于水-煤油-苯甲酸物系，Y_E-X_R 图上分配曲线可实验测绘。

按萃取相计算传质单元高度 H_{OE}。

$$H_{OE} = \frac{H}{N_{OE}} \qquad (5-77)$$

式中 H——萃取塔的有效高度，m；

     H_{OE}——按萃取相计算的传质单元高度，m；

     N_{OE}——传质单元数。

按萃取相计算的体积传质系数

$$K_{YE}a = \frac{S}{H_{OE}A} \qquad (5-78)$$

式中 S——萃取相中纯溶剂的流量，kg/h；

     A——萃取塔截面积，m^2；

     $K_{YE}a$——按萃取相计算的总传质系数，kg 苯甲酸/($m^3 \cdot$ h $\cdot$ kg 苯甲酸/kg 水)

【实验装置】

本塔为桨叶式旋转萃取塔，塔身采用硬质硼硅酸盐玻璃管，塔顶和塔底玻璃管端扩口处，通过增强酚醛压塑法兰、橡皮圈、橡胶垫片与不锈钢法兰连接，密封性能好。塔内设有 16 个环形隔板，将塔身分为 15 段。相邻两隔板间距 40mm，每段中部位置设有在同轴上安装的由 3 片桨叶组成的搅动装置。搅拌转动轴底端装有轴承，顶端经轴承穿出塔外，与安装在塔顶上的电机主轴相连。电动机为直流电动机，通过调压变压器改变电机电枢电压的方法做无级变速。操作时的转速控制由指示仪表给出相应的电压值来控制。塔下部和上部轻重两相的入口管分别在塔内向上或向下延伸约 200mm，分别形成两个分离段，轻重两相将在分离段内分离。萃取塔的有效高度 H，为轻相入口管管口到两相界面之间的距离。

本实验以水为萃取剂，从煤油中萃取苯甲酸。轻相入口处，苯甲酸在煤油中的浓度应保持在 0.0015～0.0020kg 苯甲酸/kg 煤油之间为宜。轻相由塔底进入，作为分散相向上流动，经塔顶分离段分离后由塔顶流出；重相由塔顶进入，作为连续相向下流动至塔底经 π 形管流出；轻重两相在塔内呈逆向流动。在萃取过程中，苯甲酸部分地从萃余相转移至萃取相。萃取相及萃余相进出口浓度由容量分析法测定。考虑水与煤油是完全不互溶的，且苯甲酸在两相中的浓度都很低，可认为在萃取过程中两相液体的体积流量不发生变化。

① 实验装置的流程示意图见图 5-25。

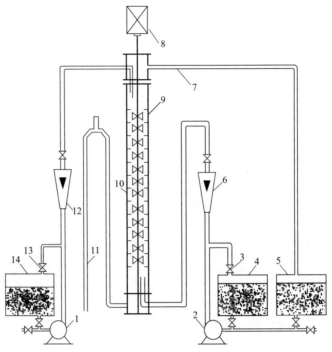

图 5-25　萃取塔实验装置流程示意图

1—水泵；2—煤油泵；3—煤油回流阀；4—煤油原料箱；5—煤油回收箱；

6—煤油流量计；7—回流管；8—电机；9—萃取塔；10—桨叶；

11—π形管；12—水转子流量计；13—水回流阀；14—水箱

② 实验装置仪表面板图见图 5-26。

③ 实验装置主要技术参数。

萃取塔的几何尺寸：塔径 $D = 37\text{mm}$，塔身高度为1000mm，萃取塔有效高度 $H = 750\text{mm}$；水泵、油泵：不锈钢离心泵，型号 WD50/025，电压 380V，功率 250W，扬程 10.5m；转子流量计：不锈钢材质，型号 LZB-4，流量 $1\sim10\text{L/h}$，精度 1.5 级；无级调速器：调速范围 $0\sim800\text{r/min}$，调速平稳。

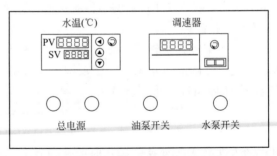

图 5-26　实验装置仪表面板示意图

【实验步骤】

① 首先在水箱内放满水，在最左边的储槽内放满配制好的轻相煤油，分别开动水相和煤油相送液泵的开关（Run），打开两相回流阀，使其循环流动。

② 全开水转子流量计调节阀，将重相（连续相）送入塔内。当塔内水面逐渐上升到重相入口与轻相出口之间的中点时，将水流量调至指定值（约 4L/h），并缓慢改变 π 形管高度，使塔内液位稳定在重相入口与轻相出口之间中点左右的位置上。

③ 将调速装置的旋钮调至零位，接通电源，开动电机固定转速。调速时要缓慢升速。

④ 将轻相（分散相）流量调至指定值（约 6L/h），并注意及时调节 π 形管高度。在实验过程中，始终保持塔顶分离段两相的相界面位于重相入口与轻相出口之间中点

左右。

⑤ 操作过程中，要绝对避免塔顶的两相界面过高或过低。若两相界面过高，到达轻相出口的高度，则将会导致重相混入轻相储罐。

⑥ 维持操作稳定半小时后，用锥形瓶收集轻相进、出口样品各约 50mL，重相出口样品约 100mL，准备分析浓度使用。

⑦ 取样后，改变桨叶转速，其他条件维持不变，进行第二个实验点的测试。

⑧ 用容量分析法分析样品浓度。具体方法如下：用移液管分别取煤油相 10mL，水相 25mL 样品，以酚酞作指示剂，用 0.01mol/L 左右 NaOH 标准液滴定样品中的苯甲酸。在滴定煤油相时应在样品中加 10mL 纯净水，滴定中激烈摇动至终点。

⑨ 实验完毕后，关闭两相流量计。将调速器调至零位，使搅拌轴停止转动，切断电源。滴定分析过的煤油应集中存放回收。洗净分析仪器，一切复原，注意保持实验台面整洁。

【实验操作注意事项】

① 调节桨叶转速时一定要小心谨慎，慢慢升速，千万不能增速过猛，使马达产生"飞转"，损坏设备。最高转速机械上可达 600r/min。从流体力学性能考虑，若转速太高，容易液泛，操作不稳定。对于煤油-水-苯甲酸物系，建议在 500r/min 以下操作。

② 整个实验过程中，塔顶两界面一定要控制在轻相出口和重相入口之间适中位置，并保持不变。

③ 由于分散相和连续相在塔顶、塔底滞留量很大，改变操作条件后，稳定时间一定要足够长（约半小时），否则误差会比较大。

④ 煤油的实际体积流量并不等于流量计指示的读数。需要用到煤油的实际流量数值时，必须用流量修正公式对流量计的读数进行修正后数据才准确。

⑤ 煤油流量不要太小或太大，太小会导致煤油出口的苯甲酸浓度过低，从而导致分析误差加大；太大会使煤油消耗量增加，经济上造成浪费。建议水流量控制在 4L/h 为宜。

【数据处理】

① 计算传质单元数 N_{OE}；

② 按萃取相计算的传质单元高度 H_{OE}；

③ 按萃取相计算的体积总传质系数。

【思考题】

① 萃取操作使用的场合有哪些？

② 测定体积总传质系数的意义是什么？

③ 影响传质系数的因素有哪些？

【计算过程举例】

（1）传质单元数 N_{OE}（辛普森积分方法，以桨叶 400r/min 为例）

塔底轻相入口浓度 X_{Rb}

$$X_{Rb} = \frac{V_{NaOH} N_{NaOH} M_{苯甲酸}}{10 \times 800} = \frac{10.6 \times 0.01076 \times 122}{10 \times 800} = 0.00174(\text{kg 苯甲酸/kg 煤油})$$

塔顶轻相出口浓度 X_{Rt}：

$$X_{Rt} = \frac{V_{NaOH} N_{NaOH} M_{苯甲酸}}{10 \times 800} = \frac{5.0 \times 0.01076 \times 122}{10 \times 800} = 0.00082(\text{kg 苯甲酸/kg 煤油})$$

塔顶重相入口浓度 Y_{Et}：

本实验中使用自来水，故视 $Y_{Et}=0$。

塔底重相出口浓度 Y_{Eb}：

$$Y_{Eb}=\frac{V_{NaOH}N_{NaOH}M_{苯甲酸}}{25\times1000}=\frac{19.1\times0.01076\times122}{25\times1000}=0.001(kg\ 苯甲酸/kg\ 水)$$

在绘有平衡曲线 Y_E-X_R 的图上绘制操作线，因为操作线通过以下两点：

轻入 $X_{Rb}=0.00174$kg 苯甲酸/kg 煤油；

重出 $Y_{Eb}=0.001$kg 苯甲酸/kg 水；

轻出 $X_{Rt}=0.00082$kg 苯甲酸/kg 煤油；

重入 $Y_{Et}=0$。

在 Y_E-X_R 图上找出以上两点，连接两点即为操作线。在 $Y_E=Y_{Et}=0$ 至 $Y_E=Y_{Eb}=0.001$ 之间，任取一系列 Y_E 值，可在操作线上对应找出一系列的 X_R 值，再在平衡曲线上对应找出一系列的 Y_E^* 值，代入公式计算出一系列的 $\dfrac{1}{Y_E^*-Y_E}$ 值，如表 5-7 所示。

表 5-7　萃取数据

序号	Y_E	X_R	Y_E^*	$\dfrac{1}{Y_E^*-Y_E}$
0	0	0.00082	0.000755	1324
1	0.0001	0.00091	0.00081	1408
2	0.0002	0.00100	0.000862	1511
3	0.0003	0.00110	0.00091	1639
4	0.0004	0.00119	0.00096	1786
5	0.0005	0.00128	0.000995	2020
6	0.0006	0.00137	0.00103	2325
7	0.0007	0.00146	0.00107	2703
8	0.0008	0.00156	0.00110	3333
9	0.0009	0.00165	0.00113	4348
10	0.001	0.00174	0.00116	6250

根据辛普森积分法求传质单元数：

$$\int_a^b f(x)dx=\frac{h}{3}\left(y_0+y_{2n}+\sum_{i=1}^{n}4y_{2i-1}+\sum_{i=1}^{n-1}2y_{2i}\right)$$

式中，$a=Y_{Et}=0$，$b=Y_{Eb}=0.001$，$n=5$

$$h=\frac{b-a}{2n}=\frac{0.001-0}{2\times5}=0.0001$$

$$N_{OE}=\int_{Y_{Et}}^{Y_{Eb}}\frac{dY_E}{Y_E^*-Y_E}=\frac{h}{3}[y_0+y_{10}+4(y_1+y_3+y_5+y_7+y_9)+2(y_2+y_4+y_6+y_8)]$$

$$=\frac{0.0001}{3}\times[1324+6250+4\times(1408+1639+2020+2703+4348)+2\times(1511+1786+2325+3333)]$$

$$=2.46$$

（2）按萃取相计算的传质单元高度 H_{OE}：
$$H_{OE} = H/N_{OE} = 0.75/2.46 = 0.31(m)$$
式中，0.75m 指塔釜轻相入口管到塔顶两相界面之间的距离。

（3）按萃取相计算的体积总传质系数
$$K_{YE}a = S/(H_{OE}A) = 4/[0.31 \times \pi/4 \times 0.037^2]$$
$$= 12007 \left(\frac{kg\ 苯甲酸}{m^3 \cdot h \cdot kg\ 苯甲酸/kg\ 水} \right)$$

转子流量计的指示值修正，请参考 2.1.3 流量检测及仪表的例 1 计算要求。本实验中，转子流量计的转子为耐酸不锈钢材料，密度 $\rho_t = 7900 kg/m^3$，水的密度 $\rho_w = 1000 kg/m^3$，代入上面计算公式，可以得到煤油的实际流量 Q_f。

5.14 膜分离实验

【实验目的】

① 熟悉和了解膜分离原理；

② 熟悉和了解膜污染及其清洗方法；

③ 熟悉多通道管式超滤膜、膜组件的结构及基本流程；

④ 掌握表征膜分离性能参数（膜通量、截留率、粒径分离效率等）的测定方法；

⑤ 测定并讨论膜面流速、操作压差、料液性质等操作条件对膜分离性能的影响。

【实验内容】

① 采用超滤膜分离水中的PVA，测定实验用膜通量和截留率；

② 改变实验条件，确定影响分离性能的主要因素及其影响规律。

【实验原理】

（1）基本原理　膜分离技术是利用半透膜作为选择分离层，允许某些组分透过而保留混合物中其他组分，从而达到分离目的的一类新兴的高效分离技术，其分离推动力是膜两侧的压差、浓度差或电位差，适于对双组分或多组分液体或气体进行分离、分级、提纯或富集。膜是两相之间的选择性屏障，选择性是膜或膜过程的固有特性。

由压力推动的膜过程的显著特征是溶剂为连续相而溶质浓度相对较低，在压力（推动力）的作用下，溶剂和部分溶质分子或颗粒通过膜，而另一些分子或颗粒则被截留。截留程度取决于溶质颗粒或分子的大小及膜结构。压力推动的膜分离过程分为：反渗透（RO：reverse osmoise），超滤（UF：ultrafiltration），微滤（MF：microfiltration），纳滤（NF：nanofiltration）。

反渗透、纳滤、超滤与微滤之间没有明确的分界线，它们都以压力为驱动力，溶质或多或少被截留，截留物质的粒径在某些范围内相互重叠。

常见的膜分离过程如图5-27所示，原料混合物通过膜后被分离成截留物（浓缩物）和透过物。通常原料混合物、截留物及透过物为液体或气体，有时可在膜的透过物一侧加入一个清扫流体以帮助移除透过物。半透膜可以是薄的无孔聚合物膜，也可以是多孔聚合物、陶瓷或金属材料的薄膜。

图 5-27　膜分离过程示意图

（2）膜分离过程的基本参数　对膜的分离透过特性，一般通过膜的截留率、膜通量、截留物的分子量等参数来表示。

① 截留率 R：指料液中分离前后被分离物质的截留百分数。

$$R = \frac{c_1 - c_2}{c_1} \times 100\% \tag{5-79}$$

式中，c_1、c_2 表示料液主体和透过液中被分离物质（如盐、微粒和大分子等）的浓度。

② 透过速率（膜通量）J：指单位时间、单位膜面积上的透过物量，常用的单位为 kmol/(m² · s) 或 m³/(m² · s)。由于操作过程中膜的压密、堵塞等原因，膜的透过速率将随时间减少。透过速率与时间的关系一般可表示为：

$$J = J_0 t^m \tag{5-80}$$

式中　J_0——初始操作时的透过速率；

　　　　t——操作时间；

　　　　m——衰减指数。

膜通量的影响因素主要有：膜管孔径、操作压差（膜管内外的压差，即跨膜压差）、膜面流速（在膜管内流动的实际流体流速）、料浆浓度、温度、酸碱性（pH 值）等。

③ 截留物的分子量：若对溶液中的大分子物质进行分离，截留物的分子量在一定程度上反映膜孔径的大小，但由于多孔膜孔径大小不尽相同，被截留物的分子量将在一定范围内分布。所以，一般取截留率为 90% 的物质的分子量作为膜的截留分子量。截留率大、截留分子量小的膜往往膜通量低，故在选择时需在两者之间权衡。

④ 固体颗粒的粒径分离效率：若对悬浮液中的固体颗粒进行分离，粒径大于膜孔径的固体颗粒被截留，粒径小于膜孔径的固体颗粒部分透过膜孔进入透过液，部分依然被截留，测定悬浮液和透过液中的固体颗粒的粒径分布和浓度，即可计算出粒径分离效率。

【实验装置】

（1）超滤膜分离实验装置　超滤膜分离实验装置流程示意图如图 5-28 所示。中空纤维超滤膜组件规格为：PS10，截留分子量为 10000，内压式，膜面积为 0.1m²，纯水通量为 3～4L/h；PS50，截留分子量为 50000，内压式，膜面积为 0.1m²，纯水通量为 6～8L/h；PP100，截留分子量为 100000，外压式，膜面积为 0.1m²，纯水通量为 40～60L/h。

本实验将 PVA 料液由输液泵输送，经粗滤器和精密过滤器过滤后经转子流量计计量后

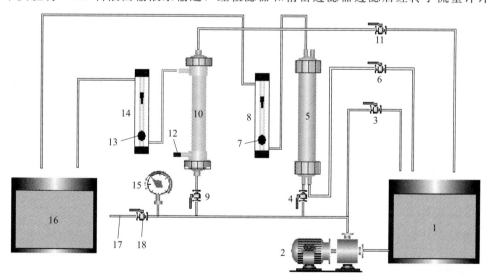

图 5-28　超滤膜分离实验装置流程示意图

1—原料液水箱；2—循环泵；3—旁路调压阀 1；4—阀 2；5—膜组件 PP100；6—浓缩液阀 4；7—流量计阀 5；
8—透过液转子流量计；9—阀 3；10—膜组件 PS10；11—浓缩液阀 6；12—反冲口；13—流量计阀 7；
14—透过液转子流量计；15—压力表；16—透过液水箱；17—反冲洗管路；18—反冲洗阀门

从下部进入中空纤维超滤膜组件中，经过膜分离将 PVA 料液分为两股：一股是透过液——透过膜的稀溶液（主要由低分子量物质构成），经流量计计量后回到低浓度料液储罐（淡水箱）；另一股是浓缩液——未透过膜的溶液（浓度高于料液，主要由大分子物质构成），回到高浓度料液储罐（浓水箱）。

溶液中 PVA 的浓度采用分光光度计分析。

在进行一段时间实验以后，膜组件需要清洗。反冲洗时，只需向淡水箱中接入清水，打开反冲阀，其他操作与分离实验相同。

中空纤维膜组件容易被微生物侵蚀而损伤，故在不使用时应加入保护液。在本实验系统中，拆卸膜组件后需要加入保护液（1%～5%甲醛溶液）来保护膜组件。

电源：约 220V。

功率：90W。

最高工作温度：50℃。

最高工作压力：0.1MPa。

（2）纳滤、反渗透膜分离实验装置　纳滤、反渗透膜分离实验装置流程示意图如图 5-29 所示。

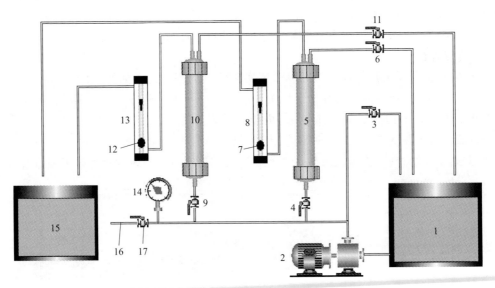

图 5-29　纳滤、反渗透膜分离实验装置示意图

1—原料液水箱；2—循环泵；3—旁路调压阀 1；4—阀 2；5—反渗透膜组件；6—浓缩液阀 4；7—流量计阀 5；
8—透过液转子流量计；9—阀 3；10—纳滤膜组件；11—浓缩阀 6；12—流量计阀 7；13—透过液转
子流量计；14—压力表；15—透过液水箱；16—反冲洗管路；17—反冲洗阀门

纳滤膜组件：纯水通量为 12L/h，膜面积为 0.4m^2，氯化钠脱盐率为 40%～60%，操作压力为 0.6MPa。

反渗透膜组件：纯水通量为 10L/h，膜面积为 0.4m^2，脱盐率为 90%～97%，操作压力为 0.6MPa。

电源：约 220V。

泵电源：DC24V。

功率：50W。

最高工作温度：50℃。

最高工作压力：0.8MPa。

【实验步骤】

（1）实验前的准备工作

① PVA 标准溶液的配制。

准确称取 105～110℃烘至恒重的 PVA 0.1g，加入适量蒸馏水，加热溶解，冷却后稀释至 1L，制得 100μg/mL 的标准溶液。

② 硼酸溶液的配制。40g 硼酸用纯水溶解于 500mL 烧杯中，移至 1000mL 容量瓶中，稀释至刻度。

③ 碘-碘化钾溶液的配制。升华过的碘 12.7g 及 25g 碘化钾用纯水溶解于 500mL 烧杯中，移至 1000mL 棕色容量瓶中，稀释至刻度。

④ 打开 751 型分光光度计预热。

⑤ 标准系列的配制。分别吸取上述 PVA 标准溶液 1.00mL、2.00mL、3.00mL、4.00mL、5.00mL、6.00mL、7.00mL、8.00mL 于 8 个 50mL 容量瓶中，加入 10.00mL 硼酸溶液及 2.00mL 碘-碘化钾溶液，用蒸馏水稀释至刻度摇匀，得到一系列颜色逐渐加深的蓝绿色溶液，这是 PVA 与碘在硼酸介质中形成络合物之缘故，在另一个 50mL 容量瓶中配制试剂空白作残壁溶液。

⑥ 标准曲线的绘制。在 PVA 与碘生成的蓝绿色络合物的最大吸收波长 640nm 处，用 1cm 比色皿，分别测得上述标准系列溶液相对应的吸光度，以吸光度 A 为纵坐标，以标准溶液 PVA 加入的体积 V 为横坐标，绘制标准曲线。

（2）实验操作

① 用自来水清洗膜组件 2～3 次，洗去组件中的保护液。排尽清洗液，安装膜组件。

② 打开阀 1，关闭阀 2、阀 3 及反冲洗阀门。

③ 将配制好的料液加入原料液水箱中，分析料液的初始浓度并记录。

④ 开启电源，使泵正常运转，这时泵打循环水。

⑤ 选择需要做实验的膜组件，打开相应的进口阀，如选择做超滤膜分离中的 1 万分子量膜组件实验时，打开阀 3。

⑥ 组合调节阀门 1、浓缩液阀门，调节膜组件的操作压力。超滤膜组件进口压力为 0.04～0.07MPa；反渗透及纳滤为 0.4～0.6MPa。

⑦ 启动泵稳定运转 5min 后，分别取透过液和浓缩液样品，用分光光度计分析样品中聚乙烯醇的浓度。然后改变流量，重复进行实验，共测 1～3 个流量。期间注意膜组件进口压力的变化情况，并做好记录，实验完毕后方可停泵。

⑧ 清洗中空纤维膜组件。待膜组件中料液放尽之后，用自来水代替原料液，在较大流量下运转 20min 左右，清洗超滤膜组件中残余的原料液。

⑨ 实验结束后，把膜组件拆卸下来，加入保护液至膜组件的 2/3 高度。然后密闭系统，避免保护液损失。

⑩ 将分光光度计清洗干净，放在指定位置，切断电源。

⑪ 实验结束后检查水、电，确保所用系统水、电关闭。

【实验数据处理】

① 料液截留率。聚乙烯醇的截留率 R 用下式表示。

$$R = \frac{c_0 - c_1}{c_0}$$

式中，c_0 为原料初始浓度；c_1 为透过液浓度。

② 透过速率：

$$J = \frac{V}{\theta S}$$

式中，V 为渗透液体积；S 为膜面积；θ 为实验时间。

③ 浓缩因子：

$$N = \frac{c_2}{c_0}$$

式中，N 为浓缩因子；c_2 为浓缩液浓度。

【注意事项】

① 泵启动之前一定要"灌泵"，即将泵体内充满液体。

② 样品取样方法：从料液储罐中用移液管吸取 5mL 浓缩液配成 100mL 溶液；同时在透过液出口端和浓缩液出口端分别用 100mL 烧杯接取透过液和浓缩液各约 50mL，然后用移液管从烧杯中吸取透过液 10mL、浓缩液 5mL 分别配成 100mL 溶液。烧杯中剩余的透过液和浓缩液全部倒入料液储罐中，充分混匀后，再进行下一个流量实验。

③ 分析方法：PVA 浓度的测定方法是先用发色剂使 PVA 显色，然后用分光光度计测定。

首先测定工作曲线，然后测定浓度。吸收波长为 690nm。具体操作步骤为：取定量中性或微酸性的 PVA 溶液加入 50mL 的容量瓶中，加入 8mL 发色剂，然后用蒸馏水稀释至标线，摇匀并放置 15min 后，测定溶液吸光度，经查标准工作曲线即可得到 PVA 溶液的浓度。

④ 进行实验前必须将保护液从膜组件中放出，然后用自来水认真清洗，除掉保护液；实验后，也必须用自来水认真清洗膜组件，洗掉膜组件中的 PVA，然后加入保护液。加入保护液的目的是防止系统生菌和膜组件干燥而影响分离性能。

⑤ 若长时间不用实验装置，应将膜组件拆下，用去离子水清洗后，加上保护液以保护膜组件。

⑥ 受膜组件工作条件限制，实验操作压力须严格控制：建议操作压力不超过 0.10MPa，工作温度不超过 45℃，pH 值为 2～13。

【思考题】

① 膜通量随压力和膜面流速、膜孔径如何变化？为什么？

② 料液性质如浓度、黏度和 pH 对膜分离性能有何影响？

③ 为什么随着分离时间的进行，膜通量越来越低？

④ 进行膜管清洗时，为什么要关闭渗透侧？

6 计算机数据处理及应用

随着计算机技术的发展，计算机辅助化工实验及计算得到了广泛的应用。化学化工实验中经常要对大量的实验数据进行处理，且有些计算需要一些图形来辅助，因此利用手工计算及采用传统的坐标纸绘图则变得复杂而烦琐，甚至有些场合已经无法完成任务。为了解决此类问题，使化工实验数据处理更快、更准确、更方便，计算机技术越来越受到化工实验的欢迎，本章主要介绍 Excel、Origin，1stOpt 及 Aspen Plus 等软件的基础功能及在化工原理实验数据处理方面的应用。

6.1 用 Excel 处理实验数据

Excel 是 Office 系列软件中的一员，具有强大的数据处理、分析和统计等功能。它最显著的特点是函数功能丰富、图表种类繁多。使用者能在表格中定义运算公式，利用软件提供的函数功能进行复杂的数学分析和统计，并利用图标来显示工作表中的数据点及数据变化趋势。

6.1.1 Excel 简介

本部分主要以在 Excel 中使用公式进行计算、使用函数和在单元格中输入符号为例来对 Excel 的基本功能进行介绍。

（1）使用公式进行计算　如已知体积流量为 $0.28 \mathrm{m}^3/\mathrm{h}$，流经管的直径为 7.92mm，要计算流速。计算公式为：

$$u = \frac{Q}{3600\pi\left(\frac{d}{2}\right)^2} = \frac{4Q}{3600\pi d^2} = \frac{4 \times 0.28}{3600 \times 3.14 \times 7.92 \times 7.92 \times 10^{-6}}$$

例　试计算 $\dfrac{4 \times 0.28}{3600 \times 3.14 \times 7.92 \times 7.92 \times 10^{-6}}$。

方法：在任意单元格中输入"=4*0.28/3600/3.14/7.92/7.92/1e-6"，结果为 1.5796。

操作过程如下：双击桌面或从【开始】菜单启动 Excel，程序将自动创建一个新的工作簿。启动界面如图 6-1 所示。在单元格中可以输入文字、数字、公式，然后回车得到计算结果为 1.5796，如图 6-2 所示。

注意：① 一定不要忘记输入等号"="；② 公式中需用括号时，只允许用"（）"，不允许用"｛｝"或"［］"。

提醒：① 若公式中包括函数，可通过"插入"菜单下的"函数"命令得到；② 1e3⇔10^3；1e−3⇔10^{-3}。

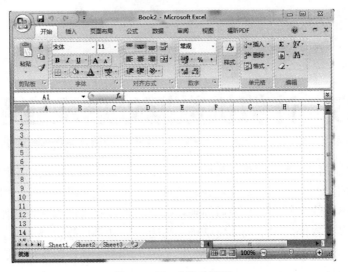

图 6-1　Excel 启动界面

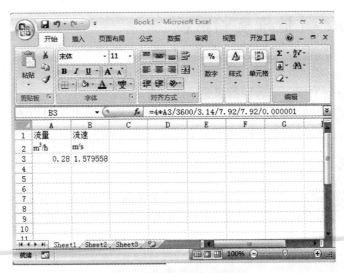

图 6-2　流速计算公式及结果

（2）使用函数　在 Excel 中提供了丰富的函数：数量和三角函数、统计函数、查找和引用函数、数据库函数、逻辑函数和信息函数。化工原理实验数据处理中常用的函数有：

① 求和函数 SUM（单元格区域）；

② 求平均值函数 AVERAGE（单元格区域）；

③ 指数函数 POWER（number，power）⇔$number^{power}$。

如计算截面积公式为"＝3.14＊R＊R"，在 Excel 中输入格式为"＝3.14＊A2＊A2"，也可以写成"＝3.14＊POWER（A2，2）"，其中 POWER（A2，2）表示以 A2 单元格中的数字为底数，指数为 2 的函数，两种方式计算结果相同。

提示：也可以用"^"运算符代替函数 POWER 来表示对底数乘方的幂次，例如 5^2。

④ 平方根函数　$SQRT(number)\Leftrightarrow\sqrt{number}$，$EXP(number)\Leftrightarrow e^{number}$。如在单元格中输入"$=SQRT(2)$"表示计算$\sqrt{2}$。

⑤ 对数函数 LOG（number，base）$\Leftrightarrow$ log（number，base），LN（number）$\Leftrightarrow$ln(number)，LOG10（number）$\Leftrightarrow$lg(number)。

如 log（8，2）表示$\log_2 8$；Ln2 标识以常数 e 为底的自然对数；log10（3）表示$\log_{10}3$。

注：函数名大小写通用，函数的括号要在英文状态下输入。

（3）在单元格中输入符号

【例】在单元格 A1 中输入符号"λ"

方法一：打开"插入"菜单→选"符号"命令，插入希腊字母"λ"。

提醒：无论要输入什么符号，都可以通过"插入"菜单下的"符号"或"特殊符号"命令得到。

方法二：打开任意一种中文输入法，用鼠标单击键盘按钮，选择希腊字母，得到希腊字母键盘，用鼠标单击"λ"键。

6.1.2　Excel 在化工原理实验数据处理中的应用

6.1.2.1　流体流动阻力实验——双对数坐标图的绘制

以流体流动阻力实验中光滑管阻力测定实验数据为例，介绍双对数坐标图的绘制方法。

（1）原始数据

① 选中 A1～H1，点击合并后居中，输入光滑管；②选中 A2～H2，点击合并后居中，输入内径和管长；③选中 A3～H3，点击合并后居中，依次输入液体平均温度、液体密度、液体黏度等数据；④选中 A4～C4，点击合并后居中，输入原始数据；⑤选中 D4～H4，点击合并后居中，输入数据处理记录；⑥选中 A5 单元格，输入序号，再依次选中 B5～H5，分别输入流量、压降等物理量及其数据，作出原始数据表，如图 6-3 所示。

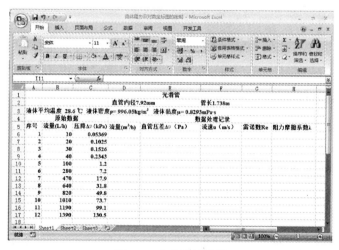

图 6-3　实验原始数据

（2）数据处理

① 流量单位换算。选中 D6 单元格，输入公式"$=B6/1000$"，回车后得到计算结果 0.01。拖动单元格右下方的填充柄至 D17 单元格，即可得其他各组结果，如图 6-4 所示。

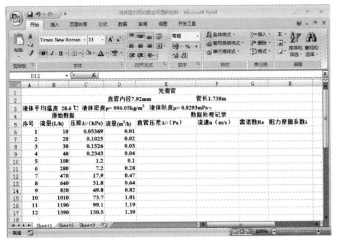

图 6-4　光滑管流量单位换算结果

② 直管压差单位换算。选中 E6 单元格，输入公式"＝C6 * 1000"，回车后得到计算结果 53.69。拖动单元格右下方的填充柄至 E17 单元格，即可得其他各组结果。

③ 计算流速 u：$u = \dfrac{4Q}{3600\pi d^2}$，选中 F6 单元格，输入公式"＝4 * D6/(3600 * 3.14 * 7.92 * 7.92 * 1e-6)"，回车后得到计算结果 0.05641。拖动单元格右下方的填充柄至 F17 单元格，即可得其他各组结果。

④ 计算雷诺数 Re：$Re = \dfrac{\rho du}{\mu}$，选中 G6 单元格，输入公式"＝0.00792 * F6 * 996.05/(0.8293 * 1e-3)"，回车后得到计算结果 536.6265。拖动单元格右下方的填充柄至 G17 单元格，即可得其他各组结果。

⑤ 计算摩擦阻力系数 λ：$\lambda = \dfrac{2d\Delta p}{\rho L u^2}$，选中 H6 单元格，输入公式"＝2 * 0.00792 * E6/(996.05 * 1.738 * F6 * F6)"，回车后得到计算结果 0.1895。拖动单元格右下方的填充柄至 H17 单元格，即可得其他各组结果。按照上述步骤，最后得到的数据处理结果如图 6-5 所示。

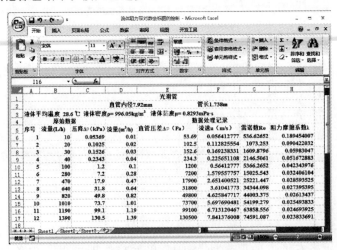

图 6-5　实验数据处理结果

化工原理实验

（3）数据结果的图形表示　绘制 λ-Re 双对数坐标图。

① 选择菜单，选择命令【插入】，出现如图 6-6 所示界面，点击图表右侧按钮 ▣，出现"插入图表"对话框（图 6-7）。

图 6-6　图表向导步骤 1

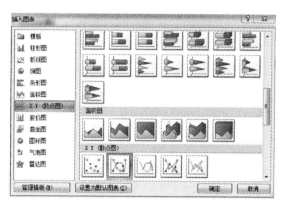

图 6-7　"插入图表"对话框

② 选择插入图表左侧图表类型中的"X Y（散点图）"，并在"子图表类型"中选择"带平滑线和数据标记的散点图"，然后点击确定，出现的 Excel 界面如图 6-8 所示。

	A	B	C	D	E	F	G	H
3	液体平均温度 28.6 ℃　液体密度ρ= 996.05kg/m³　液体黏度μ= 0.8293mPa·s							
4		原始数据			数据处理记录			
5	序号	流量(L/h)	压降Δp(kPa)	流量(m³/h)	直管压差Δp（Pa）	流速u (m/s)	雷诺数Re	阻力摩擦系数λ
6	1	10	0.05369	0.01	53.69	0.056412777	536.62652	0.189454007
7	2	20	0.1025	0.02	102.5	0.112825554	1073.253	0.090422032
8	3	30	0.1526	0.03	152.6	0.169238331	1609.8796	0.05983047
9	4	40	0.2343	0.04	234.3	0.225651108	2146.5061	0.051672883
10	5	100	1.2	0.1	1200	0.56412777	5366.2652	0.042343976
11	6	280	7.2	0.28	7200	1.579557757	15025.543	0.032406104
12	7	470	17.9	0.47	17900	2.651400521	25221.447	0.028593525
13	8	640	31.8	0.64	31800	3.61041773	34344.098	0.027395395
14	9	820	49.8	0.82	49800	4.625847717	44003.375	0.02613437
15	10	1010	73.7	1.01	73700	5.697690481	54199.279	0.025493833
16	11	1190	99.1	1.19	99100	6.713120467	63858.556	0.024693925
17	12	1390	130.5	1.39	130500	7.841376008	74591.087	0.023833691

图 6-8　图表向导步骤 2

③ 点击图表向导步骤 2 对话框中的"选择数据"，出现"选择数据源"对话框，如图 6-9 所示。点击"选择数据源"对话框中的添加按钮，出现"编辑数据系列"对话框（图 6-10），在"系列名称"中输入"光滑管"，点击"X 轴系列值"右侧按钮▣，打开"X 轴系列值"编辑数据系列（图 6-11），用鼠标选择 G6 到 G17 单元格，回车后回到"源数据"对话

框；再点击"Y轴系列值"右侧按钮，打开"Y轴系列值"编辑数据系列，用鼠标选择 H6 到 H17 单元格，回车后回到"源数据"对话框，出现"编辑数据系列"对话框（图 6-12），点击确定，得光滑管直角坐标系下的 $\lambda\text{-}Re$ 图（图 6-13）。

图 6-9　"选择数据源"对话框

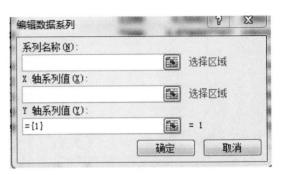

图 6-10　"编辑数据系列"对话框

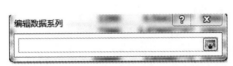

图 6-11　添加源数据"X轴系列值"

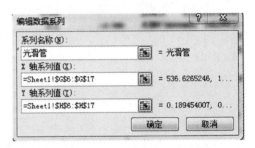

图 6-12　"编辑数据系列"对话框

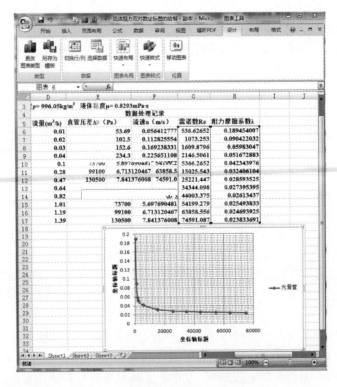

图 6-13　光滑管直角坐标系下的 $\lambda\text{-}Re$ 图

化工原理实验

（4）修饰 λ-Re 图

① 修改纵坐标和横坐标：鼠标放在纵坐标文字上，点击右键，编辑文本进行修改，设置为"摩擦系数 λ"；同样的方法修改横坐标为"雷诺数 Re"，结果见图6-14。

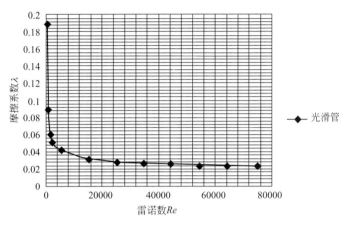

图6-14　光滑管直角坐标系下的 λ-Re 图（修改横坐标和纵坐标）

② 将"X、Y轴"的刻度由直角坐标改为对数坐标：选定"X轴"，点右键，选择坐标轴格式弹出"设置坐标轴格式"对话框，根据 Re 的数值范围改变"最小值""最大值"，并将"主要刻度单位"改为"10"，并选中"对数刻度"，从而将"X轴"的刻度由直角坐标改为对数坐标（图6-15）。同理将"Y轴"的刻度由直角坐标改为对数坐标，改变坐标轴后得到的结果图如图6-16所示。

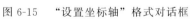

图6-15　"设置坐标轴"格式对话框

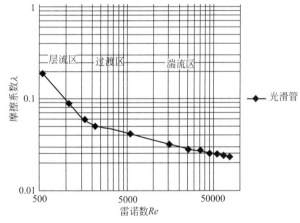

图6-16　将"X、Y轴"改为对数坐标

6.1.2.2　干燥实验——曲线和多阶段直线的绘制

（1）原始数据

① 选中A1～E1，点击合并居中，输入"空气孔板流量计读数 R：0.94kPa"；②采用相同的方法选中A2～E2、A3～B3、C3～E3，点击合并后居中，分别输入"流量计处的空气温度 t_0：32.6℃""干球温度 t：65℃"和"湿球温度 t_W：49℃"；③选中A4～B4、C4～E4，点击合并后居中，输入"支架质量 G_D：71g"和"绝干物料量 G_C：20g"；④选中A5～E5，点击合并后居中，输入"干燥面积 S：0.142×0.164＝0.023288m²"；⑤选中A6～

E6，点击合并居中，输入"洞道截面积：0.15×0.2＝0.03m²"；⑥选中A7～E7，依次输入"累计时间""总质量""干基含水量""平均含水量"和"干燥速率"；⑦选中A8～E8，依次输入"T（min）""G_T（g）""X（kg/kg）"、"X_{AV}（kg/kg）"和"U＊10^4〔kg/（s·m²）〕"；⑧在对应的单元格依次输入相关数据，作出原始数据如图6-17。

（2）数据处理

① 干基含水量的计算：计算公式为 $X_i=\dfrac{G_i-G_c}{G_c}$。选中C9单元格，输入公式"＝(B9-71-20)/20"，回车后得到计算结果1.59。拖动单元格右下方的填充柄至C56单元格，即可得其他各组结果，如图6-18所示。

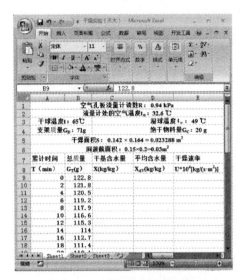

图6-17　干燥实验原始数据

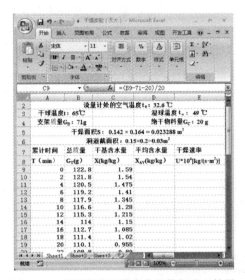

图6-18　干燥实验干基含水量数据处理结果

② 平均含水量的计算：计算公式为 $\overline{X_n}=\dfrac{X_n+X_{n+1}}{2}$，选中D10单元格，输入公式"＝(C9＋C10)/2"，回车后得到计算结果1.565。拖动单元格右下方的填充柄至D56单元格，即可得其他各组结果。

③ 干燥速率的计算：计算公式为 $U=\dfrac{\mathrm{d}W'}{S\mathrm{d}\tau}\approx\dfrac{\Delta W'}{S\Delta\tau}$。选中E10单元格，输入公式"＝(B9-B10)/0.023288/120/1000＊10^4"，回车后得到计算结果3.578380854。拖动单元格右下方的填充柄至D56单元格，即可得其他各组结果。按照上述步骤，最后所得数据处理结果如图6-19所示。

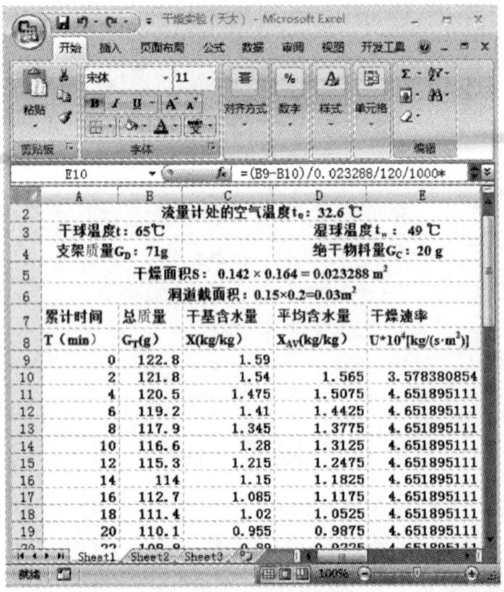

图6-19　干燥实验数据处理结果

（3）干燥曲线的绘制　选择菜单栏中"插入"按钮，点击"图表"→"XY散点图"→"带平滑线和数据标志的散点图"→"确定"，以时间为横坐标，干基含水量为纵坐标，添加系列名称和数据，得到图 6-20。

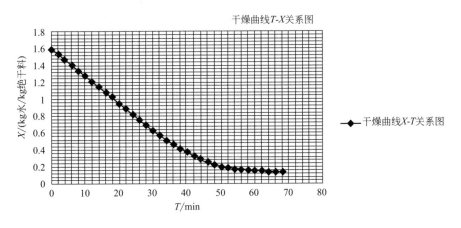

图 6-20　干燥曲线图

（4）干燥速率曲线的绘制

① 选择菜单栏中"插入"按钮，点击"图表"→"XY 散点图"→"仅带数据标志的散点图"→"确定"，以干基含水量为横坐标，干燥速率为纵坐标，添加系列名称和数据，得到图 6-21。

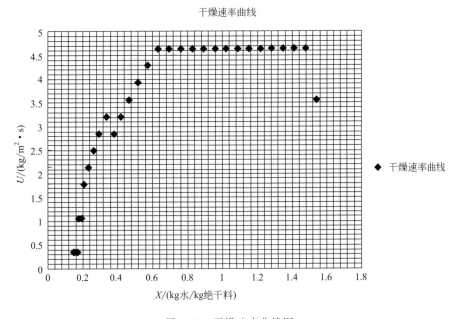

图 6-21　干燥速率曲线图

② 多阶段直线的绘制

a. 预热阶段图的绘制　鼠标放在数据点上点击右键，选择"选择数据"，出现"选择数据源"对话框，如图 6-22 所示；点击添加，出现"编辑数据系列"对话框，如图 6-23 所示，在系列名称里填写预热阶段，点击"X 轴系列值"右侧的选择区域，出现添加数据对话框（图 6-24），点击右侧，选择相应数据，同理添加"Y 轴系列值"。鼠标放在刚才选定的任意一个数据点上，点击右键，选择更改图表类型，选择"XY 散点图"→"带平滑线和数据标志的散点图"，预热阶段绘制图如图 6-25 所示。

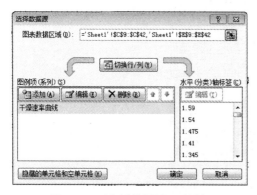

图 6-22　"选择数据源"对话框

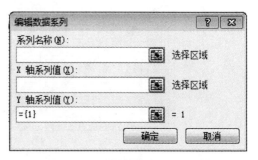

图 6-23　"编辑数据系列"对话框

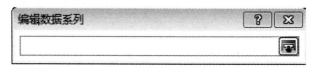

图 6-24　添加数据对话框

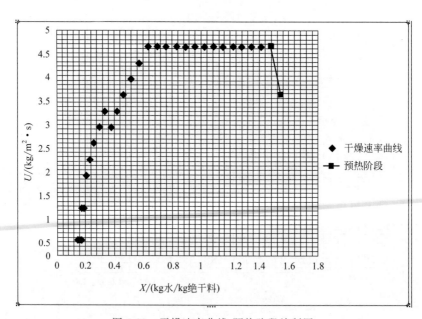

图 6-25　干燥速率曲线-预热阶段绘制图

b. 恒速干燥阶段图的绘制　绘制方法和 a 相同，结果如图 6-26 所示。

c. 降速干燥阶段图的绘制　绘制方法和 a 相同，结果如图 6-27 所示。

（5）求恒速干燥速率和临界含水量　由图 6-27 知，在该干燥条件下，利用该设备进行干燥时其恒速干燥速率为 $4.652 \times 10^{-4} kg/(m^2 \cdot s)$，临界含水量 $X_c = 0.6075 kg$ 水/kg 绝干物料，其中 AB 为预热阶段，BC 为恒速干燥阶段，CE 为降速干燥阶段。

化工原理实验

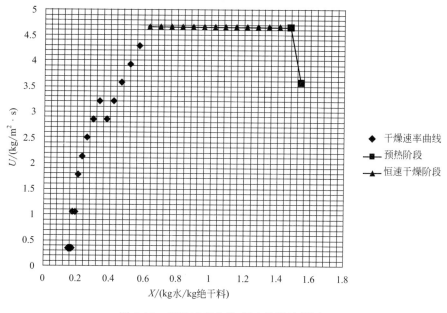

图 6-26　干燥速率曲线-恒速阶段绘制图

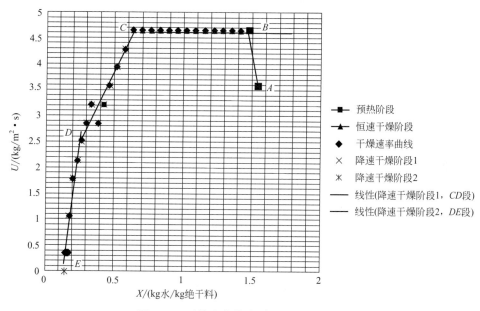

图 6-27　干燥速率曲线-降速阶段绘制图

6.2　用 Origin 软件处理实验数据

Origin 是一款应用广泛的数据分析和科技绘图软件。它能对数据进行排序、调整、计算、统计、频谱变换、曲线拟合等各种完善的数学分析，能利用内置的几十种二维和三维绘图模板，方便快捷地生成使用者所需要的图表类型。Origin 功能强大、操作灵活、简单易学，能导入 Excel 工作表，有类似于 Excel 的多文档界面。

6.1 以阻力实验和干燥实验的实验数据为例，介绍了用 Excel 处理的过程和双对数坐标图、曲线图和多阶段直线图的绘制。本节将对如何利用 Origin 求取经验公式中的常数、绘制双对数坐标图及一横轴多纵轴图进行介绍。

6.2.1　Origin 简介

6.2.1.1　工作界面

双击桌面图标或从【开始】菜单启动 Origin，程序将自动创建一个项目文件，程序启动界面如图 6-28 所示。选择菜单命令【File】→【New…】，打开新建对话框（图 6-29），在列表框中可选择不同的子窗口类型，单击"OK"完成创建。创建后可在菜单命令【Window】→【Rename…】中对子窗口进行重命名（图 6-30）。工作完成后选择菜单命令【File】→【Save Project】进行保存，也可选择【Save Window As…】命令对子窗口进行单独保存。

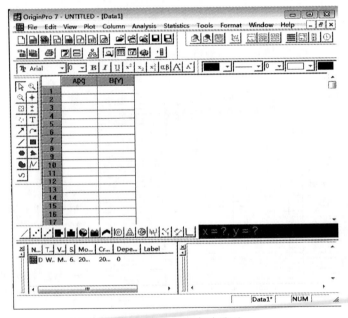

图 6-28　Origin 启动界面

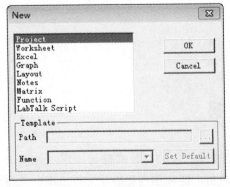

图 6-29　新建对话框

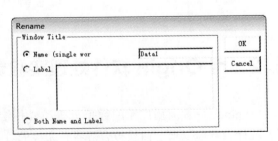

图 6-30　重命名对话框

6.2.1.2 子窗口操作

① 数据的输入：Origin 中输入数据的方法比较灵活，除可与 Excel 类似直接在 Origin 工作表的单元格中进行数据添加、插入、删除、粘贴和移动外，还可与其他程序或数据文件进行数据交换。

② 数据的删除：选择菜单命令【Edit】→【Clear】清除单元格中的数据，【Delet】命令删除选中的单元格及其数据，【Clear Worksheet】命令则删除整个工作表中的数据。

③ 行、列的操作：行和列的添加、插入、删除等操作的方法与 Excel 类似。在工作表被激活的状态下，选择菜单命令【Edit】→【Transpose】可实现行、列的转换。

6.2.1.3 数据的运算

Origin 能利用函数或数学表达式对数据进行计算。选中工作表中的一列或一列中的单元格，选择菜单命令【Column】→【Set Column Values…】，打开 "Set Column Values" 对话框（图 6-31），可在其中的单元格范围框中选择行的范围，在 "Add Function" 下拉框中选择不同类型的函数表达式（图 6-32），在编辑框中输入数学表达式。通过该方法可完成数据的运算和输入。

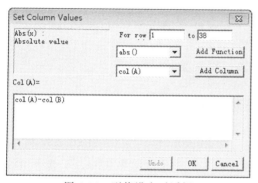
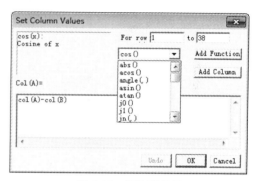

图 6-31 列值设定对话框   图 6-32 函数列表框

6.2.2 Origin 在化工原理实验数据处理中的应用

6.2.2.1 离心泵性能实验——一横轴多纵轴的绘制

以离心泵性能实验中离心泵性能图的绘制为例进行介绍。

（1）原始数据 双击桌面或从【开始】菜单启动 Origin 程序，将自动创建一个空白工作簿，在菜单栏中点击添加列按钮+，添加 7 列，使总列数变为 9 列，然后添加相应的原始数据，如图 6-33 所示。

图 6-33 实验原始数据表

（2）数据处理

① 扬程 H 的计算。计算公式：$H=Z_{出}-Z_{入}+\frac{p_{出}-p_{入}}{\rho g}+\frac{u_{出}^2-u_{入}^2}{2g}$，因入口直径和出口直径相同，所以入口流速和出口流速相等，即 $H=\frac{p_{出}-p_{入}}{\rho g}+0.335$，选择E3～E14、F3～F14 单元格，点击右键→“Set Column Values”，出现对话框，在编辑框中分别输入“col(A)×1000000”“col(B)×1000000”点击“OK”得到计算结果，得到 E 列和 F 列；同理选择 G3～G14 单元格，点击右键→“Set Column Values”，出现对话框，在编辑框中输入“(col(F)-col(E))/998.2/9.8+0.335”，点击“OK”得到计算结果图（图 6-34）。

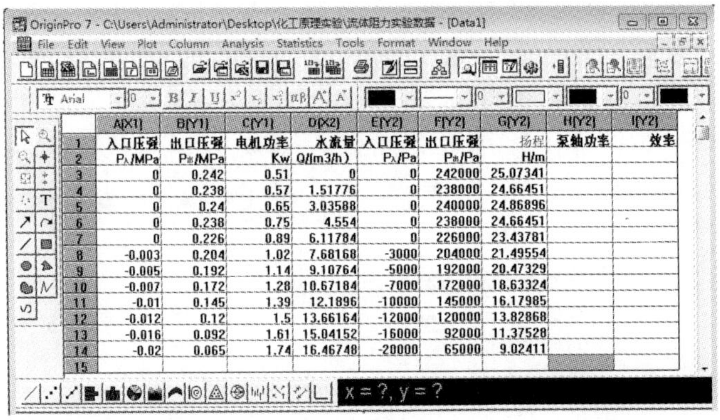

	A(X1)	B(Y1)	C(Y1)	D(X2)	E(Y2)	F(Y2)	G(Y2)	H(Y2)	I(Y2)
1	入口压强	出口压强	电机功率	水流量	入口压强	出口压强	扬程	泵轴功率	效率
2	P入/MPa	P出/MPa	Kw	Q/(m3/h)	P入/Pa	P出/Pa	H/m		
3	0	0.242	0.51	0	0	242000	25.07341		
4	0	0.238	0.57	1.51776	0	238000	24.66451		
5	0	0.24	0.65	3.03588	0	240000	24.86896		
6	0	0.238	0.75	4.554	0	238000	24.66451		
7	0	0.226	0.89	6.11784	0	226000	23.43781		
8	-0.003	0.204	1.02	7.68168	-3000	204000	21.49554		
9	-0.005	0.192	1.14	9.10764	-5000	192000	20.47329		
10	-0.007	0.172	1.28	10.67184	-7000	172000	18.63324		
11	-0.01	0.145	1.39	12.1896	-10000	145000	16.17985		
12	-0.012	0.12	1.5	13.66164	-12000	120000	13.82868		
13	-0.016	0.092	1.61	15.04152	-16000	92000	11.37528		
14	-0.02	0.065	1.74	16.46748	-20000	65000	9.02411		
15									

图 6-34 扬程计算结果

② 轴功率 N 的计算。计算公式为：泵的轴功率 $N=$功率表读数×60%，选择 H3～H14 单元格，点击右键→“Set Column Values”，出现对话框，在编辑框中输入“col(C) * 1000 * 0.6”，点击“OK”得到计算结果。

③ 效率的计算。计算公式为：$\eta=\frac{Ne}{N}$，$Ne=\frac{HQ\rho g}{1000}=\frac{HQ\rho}{102}$(kW)。选择 I3～I14 单元格，点击右键→“Set Column Values”，出现对话框，在编辑框中输入“col(G) * col(D) * 998.2/102/col(H)/3600 * 1000 * 100”，点击“OK”得到计算结果。按照上述步骤，最后得到的实验数据处理结果如图 6-35 所示。

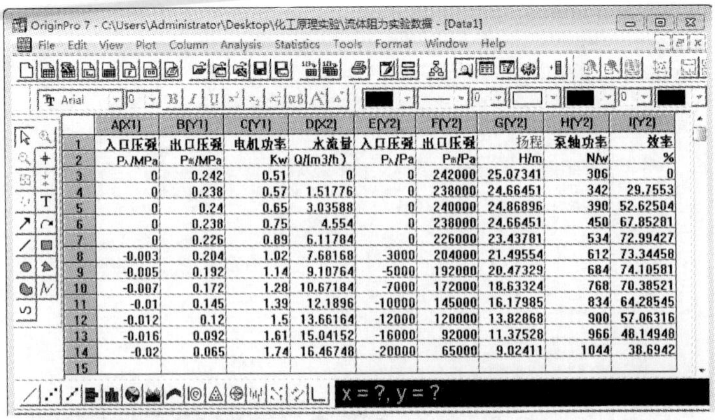

	A(X1)	B(Y1)	C(Y1)	D(X2)	E(Y2)	F(Y2)	G(Y2)	H(Y2)	I(Y2)
1	入口压强	出口压强	电机功率	水流量	入口压强	出口压强	扬程	泵轴功率	效率
2	P入/MPa	P出/MPa	Kw	Q/(m3/h)	P入/Pa	P出/Pa	H/m	N/w	%
3	0	0.242	0.51	0	0	242000	25.07341	306	0
4	0	0.238	0.57	1.51776	0	238000	24.66451	342	29.7553
5	0	0.24	0.65	3.03588	0	240000	24.86896	390	52.62504
6	0	0.238	0.75	4.554	0	238000	24.66451	450	67.85281
7	0	0.226	0.89	6.11784	0	226000	23.43781	534	72.99427
8	-0.003	0.204	1.02	7.68168	-3000	204000	21.49554	612	73.34458
9	-0.005	0.192	1.14	9.10764	-5000	192000	20.47329	684	74.10581
10	-0.007	0.172	1.28	10.67184	-7000	172000	18.63324	768	70.38521
11	-0.01	0.145	1.39	12.1896	-10000	145000	16.17985	834	64.28545
12	-0.012	0.12	1.5	13.66164	-12000	120000	13.82868	900	57.06316
13	-0.016	0.092	1.61	15.04152	-16000	92000	11.37528	966	48.14948
14	-0.02	0.065	1.74	16.46748	-20000	65000	9.02411	1044	38.6942
15									

图 6-35 实验数据处理结果

（3）离心泵性能图的绘制

① H-Q 曲线的绘制。选中 D 列，选择菜单命令【Column】→【Set as X】，或者直接选中 D 列，点击右键【Set as】→【X】，将流量 Q 的数据设置为"X 轴"。选中 G 列，作为"Y 轴"，点击【Plot】→【Line＋Symbol】，生成的 H-Q 曲线如图 6-36 所示。

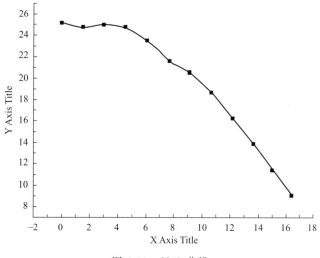

图 6-36　H-Q 曲线

② N-Q 曲线的绘制。选中 D 列，对于一横轴多纵轴的图形，可利用 Origin 的多图层绘制功能实现。在刚才作出 H-Q 曲线页面的基础上，选择菜单命令【Edit】→【New Layer（Axes）】→【（Linked）：Right Y】，创建图层 2（图 6-37）。选择图层 2，单击右键，选择"Add、Remove Plot⋯"命令，打开"Layer 2"对话框，在左侧列表框中"data1-h"，点击中间的 按钮，将列 H 的轴功率数据添加到图层 2 中（图 6-38），点击"OK"即可得到 N-Q 曲线（图 6-39）。

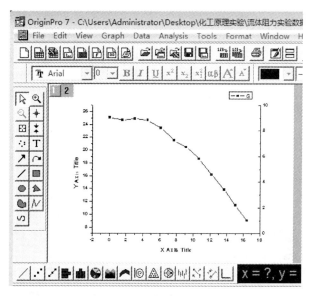

图 6-37　创建图层 2

6　计算机数据处理及应用

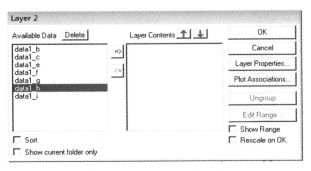

图 6-38　图层 2 添加数据

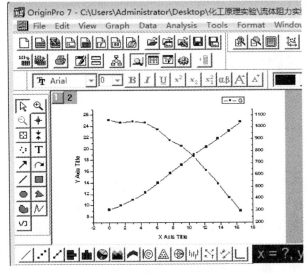

图 6-39　*N-Q* 曲线

③ η-Q 曲线的绘制。按照上一步骤中的方法添加图层 3，再将列 I 中的效率 η 数据添加到图层 3 中，即可绘出 η-Q 曲线。三条特性曲线如图 6-40 所示。

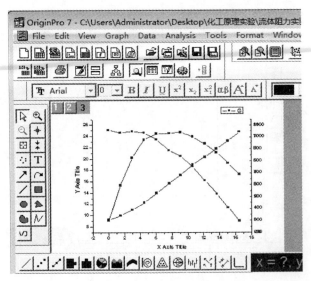

图 6-40　三个图层的特性曲线

（4）图形的修饰　图 6-40 绘制出了离心泵的三条特性曲线，但从图中可以看出，各轴的起点坐标不一致，且图层 2 和图层 3 的纵坐标重合，不方便阅读，也不美观。所以需要作一些修饰，使之更规范，更能清晰地表示出实验结果。

①　选择图层 1，选择菜单命令【Format】→【Axes】→【X Axis】，打开"X Axis-Layer1"对话框（图 6-41）。在"Scale"选项卡中的"From"文本框中将"X 轴"的起始刻度由"-2"改为"0"，在"Title&Format"选项卡中的"Title"文本框中将"X 轴"标题改为"流量 Q/（m³/h）"，点击"确定"，完成设置。选择菜单命令【Format】→【Axes】→【Y Axis】，按照上述方法将图层 1 的"Y 轴"起始刻度改为 0，"Y 轴"标题改为"扬程 H/m"。

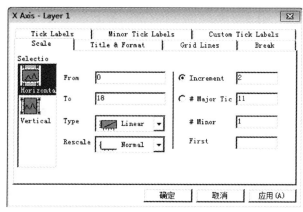

图 6-41　图层 1 的"X 轴"设置

②　选择图层 2，选择菜单命令【Format】→【Axes】→【Y Axis】，将"Y 轴"的刻度范围改为 0～460，"Y 轴"标题改为"轴功率 N/W"，点击"确定"，完成设置。需要注意的是，因为该图层的"Y 轴"在右侧，所以在"Title&Format"选项卡左侧的"Selection"选项框中选择"Right"。

③　选择图层 3，选择菜单命令【Format】→【Axes】→【Y Axis】，将"Y 轴"的刻度范围改为 0～460，点击"Title&Format"选项卡左侧的"Selection"选项框，选择"Right"，在"Axis"选项卡的下拉列表中选择"At Position"，在"Percent/Value"文本框中填写 22（"Y 轴"与"X 轴"的交点坐标）（图 6-42）。同时，将"Y 轴"的标题改为"效率/％"。点击"确定"，完成设置，完成后离心泵特性曲线如图 6-43 所示。

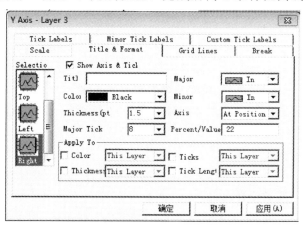

图 6-42　图层 3 的"Y 轴"设置

6　计算机数据处理及应用

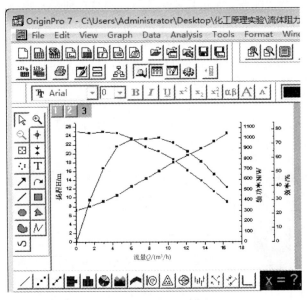

图 6-43　修饰后的离心泵特性曲线

　　④ 添加离心泵型号及转速。点击左侧的添加标注按钮 **T**，添加离心泵的型号、转速及曲线代表的意思。完成后的离心泵特性曲线如图 6-44 所示。

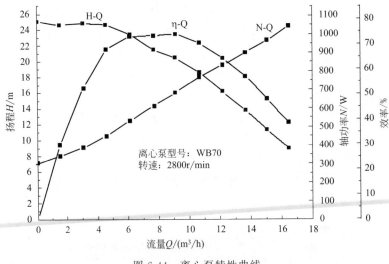

图 6-44　离心泵特性曲线

6.2.2.2　传热实验——回归方程及经验公式中常数的求取

　　回归方程以空气在圆形管内做强制湍流的实验数据为例，求取对流传热关联式 $Nu_i = ARe_i^m Pr_i^{0.4}$ 中经验常数 A 和 m。

　　（1）原始数据的输入与计算

　　原始数据的输入同 6.2.2.1 离心泵性能数据输入相似，输入及计算结果如图 6-45 所示。

　　（2）图的绘制及直线的线性回归

　　① 选中 D 列，点击右键，设置为"X 轴"（图 6-46），把 D 列数据设为"X 轴"（图 6-47），或者选择菜单命令【Column】→【Set as X】。

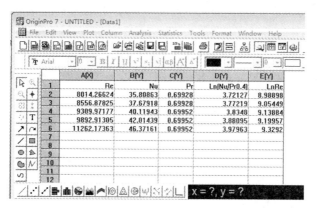

图 6-45　原始数据输入及计算结果

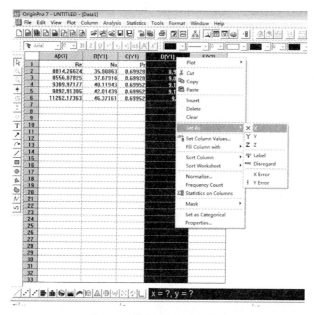

图 6-46　设置"X 轴"步骤

图 6-47　D 列设置为"X 轴"后的结果

② $\ln(Nu/Pr^{0.4})$-$\ln Re$ 关系图：选中 D 列和 E 列，点击【Plot】→【Scatter】得到 ln

$(Nu/Pr^{0.4})$-$\ln(Re)$ 关系的散点图（图 6-48）。

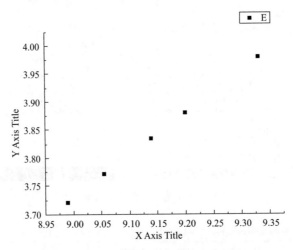

图 6-48　$\ln(Nu/Pr^{0.4})$-$\ln Re$ 关系的散点图

③ 线性关系的拟合：选择菜单命令栏【Analysis】→【Fit Linear】，即可得到拟合的线性方程的直线（图 6-49）和方程中的参数（图 6-50）。

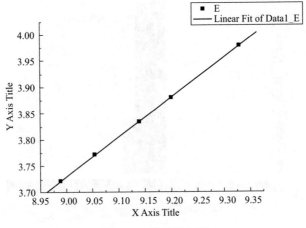

图 6-49　线性拟合图

Linear Regression for Data1_E:
Y = A + B * X

Parameter	Value	Error	
A	−3.08946	0.0221	
B	0.75772	0.00242	

R	SD	N	P
0.99998	6.36934E-4	5	<0.0001

图 6-50　方程参数

（3）图形的修饰　鼠标放【X Axis Title】，点击右键选择【Properties】，出现【Text Control】对话框（图 6-51），把 "X Axis Title" 修改为 "lnRe"；采用同样的方法，把 "Y Axis Title" 修改为 "ln(Nu/Pr$^{0.4}$)"，把曲线标题修改为 "ln(Nu/Pr$^{0.4}$)-lnRe"，同时把所

140

化工原理实验

有字体修改为"Times New Roman"字体，得到修饰后的线性拟合图（图 6-52）。

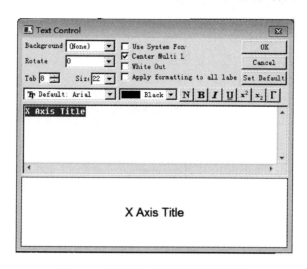

图 6-51　横坐标、纵坐标设置对话框

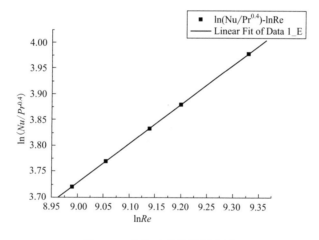

图 6-52　修饰后的线性拟合图

（4）A、m 求值　依据公式 $\ln(Nu/Pr^{0.4})=\ln A+m\ln Re$，从图 6-50 中可以看出，其实验结果 $y=0.7577x-3.0895$，相关系数为 0.99998，即 $\ln(Nu/Pr^{0.4})=-3.0895+0.7577\ln Re$，其中 $m=0.7577$，$\ln A=-3.0895$；进而解得 $A=0.046$，得出最终结果 $Nu=0.046Re^{0.7577}Pr^{0.4}$。

6.3　用 1stOpt 处理实验数据

1stOpt（First Optimization）是北京七维高科科技有限公司独立开发、拥有完全自主知识产权的一套数学优化分析综合工具软件平台。该平台在非线性回归、曲线拟合、非线性复杂模型参数全局求解、线性/非线性规划等领域居领先地位，其界面清晰友好、使用便捷，非常适合学生进行化工原理实验数据处理。

6.3.1 实验数据拟合方面的应用

6.3.1.1 温度与密度关系的拟合

令"x"表示温度（℃），"y"表示密度（kg/m³），按照 1stOpt 软件的要求，利用附录1中水的温度与密度的对应数据，编写代码如下：

data;

0	999.9
10	999.7
20	998.2
30	995.7
40	992.2
50	988.1
60	983.2
70	977.8
80	971.8
90	965.3
100	958.4

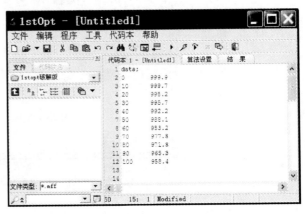

图 6-53 代码界面

启动 1stOpt 软件，如图 6-53 所示，点击"代码本"，把上面代码复制到软件的代码本里面，然后点击"算法设置"，如图 6-54 所示，选择麦夸特法（Levenberg-Marquardt）＋通用全局优化法，然后点击"菜单"→"程序"，选择快速公式拟合搜索，得到计算结果。

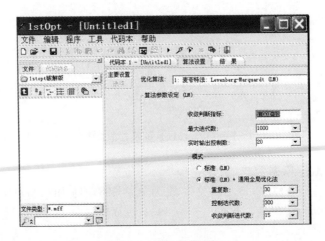

图 6-54 算法设置界面

所得到的密度与温度的关系式："y＝p1＋p2＊x＋p3＊p4＾x"

式中，p1＝1074.9884484089；p2＝－0.968458268604308；p3＝－75.0504746300327；p4＝0.986719772899613。

6.3.1.2 温度与黏度关系的拟合

令"x"表示温度（℃），"y"表示黏度[$\mu \times 10^6 (Pa \cdot s)$]，按照 1stOpt 软件的要求，利用附录1中水的温度与黏度的对应数据，编写代码如下：

```
data；
  0    1788
 10    1305
 20    1004
 30    801.2
 40    653.2
 50    549.2
 60    469.8
 70    406.0
 80    355.0
 90    314.8
100    282.4
```

按照上面同样的方法启动并运行 1stOpt 软件，可以得到温度与黏度的关系式：

"y＝p1＋p2 * x^0.5＋p3 * x＋p4 * x^1.5＋p5 * x^2＋p6 * x^2.5"

式中，p1＝1787.99020929192；p2＝36.9107518679438；p3＝－103.137417544171；p4＝16.9833926006728；p5＝－1.14324266162619；p6＝0.028877158389463。

其他温度和水的比热容、热导率、表面张力、焓的关系都可以利用此软件进行拟合。

6.3.1.3 萃取分配曲线的拟合

令"x"表示 X 煤油相的质量比组成（kg 苯甲酸/kg 煤油），"y"表示 Y 水相的质量比组成（kg 苯甲酸/kg 水），按照 1stOpt 软件的要求，利用附录 3 苯甲酸-煤油-水物系平衡关系的对应数据，编写代码如下：

```
data；
  0.0003     0.000340
  0.0004     0.000430
  0.0005     0.000525
  0.00055    0.000570
  0.0006     0.000595
  0.0007     0.000665
  0.0008     0.000730
  0.0009     0.000785
  0.0010     0.000835
  0.0011     0.000885
  0.0012     0.000930
  0.0013     0.000970
  0.0014     0.001000
  0.0015     0.001035
  0.0016     0.001065
  0.0017     0.001090
  0.0018     0.001115
  0.0019     0.001135
  0.0020     0.001160
```

按照上面同样的方法启动并运行 1stOpt 软件，可以得到苯甲酸-煤油-水物系平衡关系式：" $y＝p1*x^{\wedge}(p2＋p3*x)＋p4$ "

式中，$p1＝0.334921718997609$；$p2＝0.801949464712022$；$p3＝47.879198422637$；$p4＝－0.000107089874798944$。

6.3.2　实验参数估计方面的应用

过滤实验中如何确定过滤常数是化工原理实验的一个重要内容，常规方法是将过滤方程变换成直线关系，然后利用 Excel、Origin 等软件求出拟合直线，最后通过直线的斜率和截距计算出过滤常数。显然，要想得到过滤常数，必须先进行线性处理，然后进行拟合计算，相对来说有点复杂。如果利用 1stOpt 软件则可以不用先进行线性变换，直接就能得出过滤常数。

(1) 真空恒压过滤实验原理

在一定的压差下，单位面积滤液量 q 和过滤时间 θ 的关系符合下面的方程。

$$q^2＋2q_eq＝K\theta \tag{6-1}$$

$$(q＋q_e)^2＝K(\theta＋\theta_e) \tag{6-2}$$

上面两式由于不是线性关系，所以要进行变形，变成线性关系，变形如下：

$$\frac{\theta}{q}＝\frac{1}{K}q＋\frac{2}{K}q_e \tag{6-3}$$

$$\frac{\mathrm{d}\theta}{\mathrm{d}q}＝\frac{2}{K}q＋\frac{2}{K}q_e \tag{6-4}$$

为了便于计算，还要将式(6-4) 微分形式用差分代替，才能进一步计算，比较烦琐。

(2) 使用 1stOpt 软件处理数据

① 实验原始数据。在 25℃下对每升水含有 25g 某种颗粒的悬浮液进行过滤实验，在压差为 46.3kPa 下进行实验，所得数据见表 6-1。

表 6-1　实验数据

过滤时间 θ/s	0	17.3	41.4	72	108.4	152.3	201.6
单位面积滤液量 q/m	0	0.01135	0.0227	0.03405	0.0454	0.05675	0.0681

② 使用 1stOpt 软件求过滤常数。对于过滤方程 $q^2＋2q_eq＝K\theta$，利用 1stOpt 软件求 q_e 和 K。令 "x" 表示 θ，"y" 表示 q，"a" 表示 q_e，"c" 表示 K，则过滤方程变成 " $y^{\wedge}2＋2*a*y＝c*x$ "。则代码如下：

```
Variable x，y；
Function y^2＋2*a*y＝c*x；
data；
0          0
17.3       0.01135
41.4       0.0227
72         0.03405
108.4      0.0454
152.3      0.05675
201.6      0.0681
```

启动 1stOpt 软件，点击 "代码本"，把上述代码复制到软件的代码本里面，继续点击"算法设置",选择麦夸特法（Levenberg-Marquardt）＋ 通用全局优化法，然后点击菜单中的"程序"，选择"执行"，得到计算结果。

计算结果：

a＝0.0250502841810328　　　　　　c＝3.98989615307106E－5

则过滤常数为：

q_e＝a＝0.025；K＝c＝$3.99×10^{-5}$

同理对于过滤方程$(q+q_e)^2=K(\theta+\theta_e)$，令"x"表示$\theta$，"y"表示$q$，"a"表示$q_e$，"c"表示$K$，"b"表示$\theta_e$，则过滤方程变成$(y+a)^2=c*(x+b)$。则代码如下：

Variable x，y；

Function $(y+a)^2=c*(x+b)$；

data；

0	0
17.3	0.01135
41.4	0.0227
72	0.03405
108.4	0.0454
152.3	0.05675
201.6	0.0681

利用软件计算结果如下：

a＝0.0251867667797822　　c＝3.99775843768333E－5　　b＝15.9492386394846

则过滤常数为：

q_e＝a＝0.025；K＝c＝$4.00×10^{-5}$；θ_e＝b＝15.95。

显然，通过 1stOpt 软件可以不经过线性变换处理，直接就能计算出过滤常数。

③ 使用 1stOpt 软件确定未知模型公式。如果我们没有学过过滤方程，或者过滤方程的形式未知，也可以通过该软件进行拟合，得到相关参数的关系。利用表 6-1 中的数据，要想得到 θ 与 q 的关系，代码如下：

data；

0	0
17.3	0.01135
41.4	0.0227
72	0.03405
108.4	0.0454
152.3	0.05675
201.6	0.0681

通过 1stOpt 软件的快速公式拟合搜索，可以快速得到 θ 与 q 的关系。计算结果如下：

Function：y＝p1＋p2＊x^0.5＋p3＊x＋p4＊x^1.5＋p5＊x^2＋p6＊x^2.5＋p7＊x^3

式中，p1 ＝ 7.9023832401464E － 9；p2 ＝ － 0.00200103863959403；p3 ＝ 0.00226920363491146；p4＝－0.000418742627163965；p5＝4.43111584177385E－5；p6＝ －2.39296770697783E－6；p7＝5.09728991420467E－8。

则 θ 与 q 的关系为："q＝p1＋p2＊θ^0.5＋p3＊θ＋p4＊θ^1.5＋p5＊θ^2＋p6＊θ^2.5 ＋p7＊θ^3"可以看出，通过软件 1stOpt 可以快速得到参量之间的关系。

6.4 用 Aspen Plus 处理实验数据

Aspen Plus 是一个生产装置设计、稳态模拟和优化的大型通用流程模拟软件，可用于化工、石化、炼油、医用、冶金、食品等多种工程领域的工艺流程模拟。Aspen Plus 具有非常适用于工业，且相当完备的物性系统，其数据库包括将近六千多种纯组分的物性数据，还包含大量的气液平衡和液液平衡数据，共计二十五万多套数据。

化工原理理论、实验和设计的教学中涉及的热力学性质参数、传递性质参数、相变性质参数，以及平衡数据等都可以通过该软件获得。

6.4.1 分析物性参数

6.4.1.1 分析水在 0~100℃ 的密度

打开 Aspen Plus 软件，进入 Aspen Plus Startup 界面，选用 Template（模板），点击"OK"进入单位制选择，选择 General with Metric Units，Run Type 选择 Property Analysis，点击"确定"之后，进入主界面，点击左侧 Components，输入 H_2O，如图 6-55 所示。

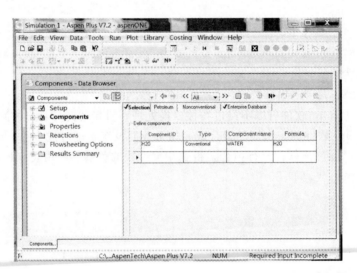

图 6-55 输入组分

点击左侧 Properties，出现右侧 Property method & models，选择 NRTL 方法，如图 6-56 所示。

点击菜单栏 Tools/Analysis/Property/Pure 进入纯组分分析系统，在界面中 Property type 选择 All，Property 选择 RHO，Units 选择 kg/cum，Components 选择 H_2O，温度范围选择 0~100℃，点数量选择 101，其他设置如图 6-57 所示。

点击 GO 即得到密度随温度变化的曲线，如图 6-58 所示。

关闭窗口，可以得到密度随温度变化的数据，如图 6-59 所示。

同样，如果想得到 10~20℃ 下水的密度数据，可以在水密度物性分析选项设置中，温度范围选择 10~20℃，点数量选择 11，点击 GO，即得到密度随温度变化的曲线和数据。

化工原理实验

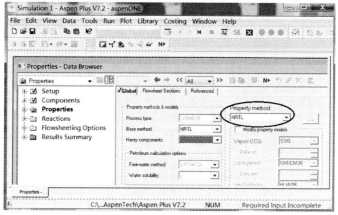

图 6-56 物性方法选择

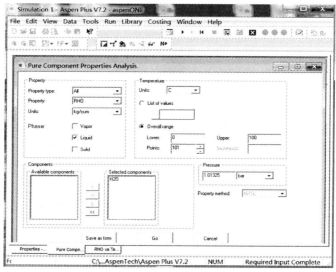

图 6-57 水密度物性分析选项设置

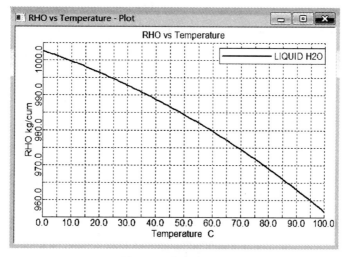

图 6-58 水密度曲线

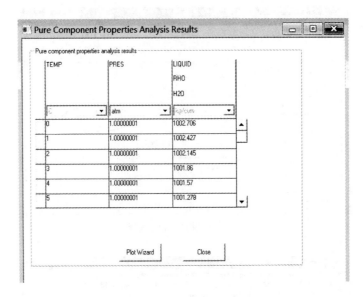

图 6-59　水密度数据

适当调整温度范围和点数，可以得到相应温度下的密度。

6.4.1.2　分析水在 10～50℃ 的黏度

开始设置同上面密度的设置，点击菜单栏 Tools/Analysis/Property/Pure 进入纯组分分析系统，在界面中 Property type 选择 All，Property 选择 MU，Units 选择 Pa-sec，Components 选择 H_2O，温度范围选择 10～50℃，点数量选择 41，其他设置如图 6-60 所示。

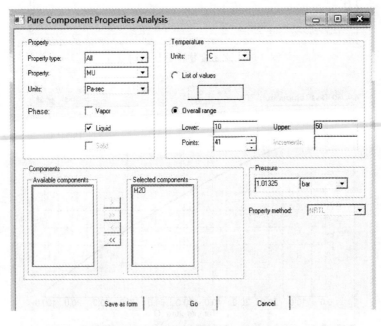

图 6-60　水黏度物性分析选项设置

点击GO，即得到水黏度随温度变化的数据。适当调整温度范围和点数，就可以得到相应温度下的黏度。

同样，可以得到水在一个大气压下，不同温度的热容、表面张力、热导率、饱和蒸气压等。当然也可以求出不同温度、不同压力之下水的密度、黏度、热容、表面张力、热导率等物性参数；也可以得到不同物质在不同条件下的物性参数，只要改变组分即可。

6.4.2 分析平衡关系

可以通过 Aspen Plus 分析组分的气-液平衡、液-液平衡关系，并可以得到平衡曲线和平衡数据。

例如：分析乙醇-正丙醇在1atm下的气-液平衡关系。

打开 Aspen Plus 软件，进入 Aspen Plus Startup 界面，选用 Template（模板），点击 OK 进入单位制选择，选择 General with Metric Units，Run Type 选择 Property Analysis，点击"确定"之后，进入主界面，点击左侧 Components，输入 ETHANOL，PRO-PANOL。

点击左侧 Properties，出现右侧 Property method，选择 WILSON 方法。

点击菜单栏 Tools/Analysis/Property/Binary 进入双组分分析系统，在界面中 Analysis type 选择 Txy，Component 1 中选择 ETHANOL，在 Component 2 中选择 PROPANOL，在 Basis 中选择 Mole fraction，Component 中选择 ETHANOL，其他采用默认设置，如图 6-61 所示。

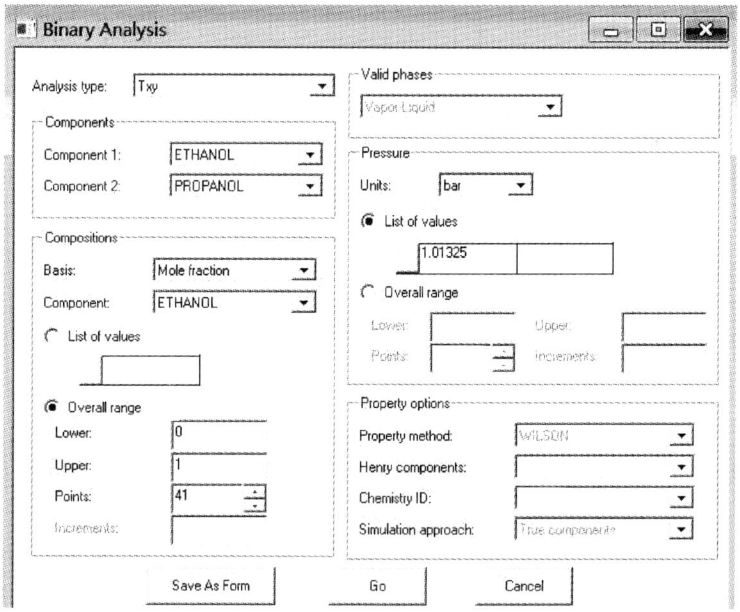

图 6-61　Txy 物性分析参数设置

点击 GO 即得到 $T\text{-}xy$ 曲线，如图 6-62 所示。适当调整温度范围和点数，就可以得到相应温度下的平衡曲线。关闭窗口，可以看到 T、x、y 数据。点击 Plot Wizard、Next，选择

Y、X，继续点击 Next、Next、Finish，得到 Y、X 曲线。

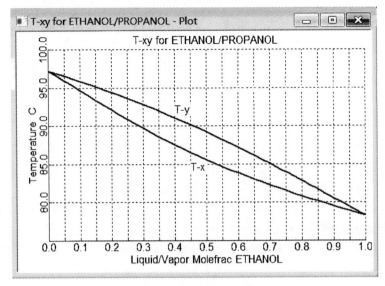

图 6-62　乙醇-正丙醇体系 $T\text{-}xy$ 曲线

附　　录

附录1　水的物理性质

温度/℃	压力/kPa	密度/(kg/m³)	黏度/10⁻⁶Pa·s	比热容/[kJ/(kg·℃)]	热导率/[W/(m·℃)]	表面张力/10⁻³(N/m)	焓/(kJ/kg)
0	101	999.9	1788	4.212	0.5508	75.61	0
10	101	999.7	1305	4.191	0.5741	74.14	42.04
20	101	998.2	1004	4.183	0.5985	72.67	83.90
30	101	995.7	801.2	4.174	0.6171	71.20	125.69
40	101	992.2	653.2	4.174	0.6333	69.63	165.71
50	101	988.1	549.2	4.174	0.6473	67.67	209.30
60	101	983.2	469.8	4.178	0.6589	66.20	211.12
70	101	977.8	406.0	4.167	0.6670	64.33	292.99
80	101	971.8	355.0	4.195	0.6740	62.57	334.94
90	101	965.3	314.8	4.208	0.6798	60.71	376.98
100	101	958.4	282.4	4.220	0.6821	58.84	419.19
110	143	951.0	258.9	4.233	0.6844	56.88	461.34
120	199	943.1	237.3	4.250	0.6856	54.82	503.67
130	270	934.8	217.7	4.266	0.6856	52.86	546.38
140	362	926.1	201.0	4.287	0.6844	50.70	589.08
150	476	917.0	186.3	4.312	0.6833	48.64	632.20
160	618	907.4	173.6	4.346	0.6821	46.58	675.33
170	792	897.3	162.8	4.379	0.6786	44.33	719.29
180	1003	886.9	153.0	4.417	0.6740	42.27	763.25
190	1255	876.0	144.2	4.460	0.6693	40.01	807.63

附录 2　干空气的物理性质

温度/℃	密度/(kg/m³)	比热容 /[kJ/(kg·℃)]	热导率 /[W/(m·℃)]	动力黏度 /10⁻⁶Pa·s	运动黏度 /10⁻⁶(m²/s)	普朗特数 Pr
−10	1.342	1.009	23.59	16.7	12.43	0.712
0	1.293	1.005	24.40	17.2	13.28	0.707
10	1.247	1.005	25.10	17.7	14.16	0.705
20	1.205	1.005	25.91	18.1	15.06	0.703
30	1.165	1.005	26.73	18.6	16.00	0.701
40	1.128	1.005	27.54	19.1	16.96	0.699
50	1.093	1.005	28.24	19.6	17.95	0.698
60	1.060	1.005	28.93	20.1	18.97	0.696
70	1.029	1.009	29.63	20.6	20.02	0.694
80	1.000	1.009	30.44	21.1	21.09	0.692
90	0.972	1.009	31.26	21.5	22.10	0.690
100	0.946	1.009	32.07	21.9	23.13	0.688
120	0.898	1.009	33.35	22.9	25.45	0.686
140	0.854	1.013	31.86	23.7	27.80	0.684
160	0.815	1.017	36.37	24.5	30.09	0.682

附录 3　苯甲酸-煤油-水物系萃取实验分配曲线数据

X	Y(15℃)	Y(25℃)	Y(30℃)	Y(35℃)
0	0	0	0	0
0.0001	0.000125	0.000125	0.000125	0.000125
0.0002	0.000235	0.000235	0.000235	0.000235
0.0003	0.000340	0.000340	0.000340	0.000340
0.0004	0.000430	0.000430	0.000430	0.000430
0.0005	0.000525	0.000525	0.000525	0.000525
0.00055	0.000575	0.000570	0.000563	0.000565
0.0006	0.000605	0.000595	0.000590	0.000585
0.0007	0.000675	0.000665	0.000660	0.000655
0.0008	0.000740	0.000730	0.000725	0.000720

X	Y(15℃)	Y(25℃)	Y(30℃)	Y(35℃)
0.0009	0.000810	0.000785	0.000775	0.000760
0.0010	0.000860	0.000835	0.000825	0.000810
0.0011	0.000915	0.000885	0.000870	0.000855
0.0012	0.000965	0.000930	0.000910	0.000895
0.0013	0.001000	0.000970	0.000955	0.000940
0.0014	0.001040	0.001000	0.000980	0.000960
0.0015	0.001075	0.001035	0.001010	0.000990
0.0016	0.001120	0.001065	0.001033	0.001010
0.0017	0.001145	0.001090	0.001065	0.001035
0.0018	0.001175	0.001115	0.001080	0.001055
0.0019	0.001200	0.001135	0.001100	0.001075
0.0020	0.001225	0.001160	0.001125	0.001090

说明：

X——煤油相的质量比组成，kg 苯甲酸/kg 煤油；

Y——水相的质量比组成，kg 苯甲酸/kg 水。

参 考 文 献

[1]　张金利，郭翠梨．化工基础实验．第 2 版．北京：化学工业出版社．2006.
[2]　熊航行，许维秀．化工原理实验．第 1 版．北京：化学工业出版社．2016.
[3]　马江权，魏科年，韶晖，冷一欣．化工原理实验．第 3 版．上海：华东理工大学出版社．2016.
[4]　吴洪特．化工原理实验．第 1 版．北京：化学工业出版社．2010.
[5]　王存文，孙炜．化工原理实验与数据处理．第 1 版．北京：化学工业出版社．2008.
[6]　史贤林，田恒水，张平．化工原理实验．第 1 版．上海：华东理工大学出版社．2005.
[7]　陈忧先，左锋，董爱华．化工测量及仪表．北京：化学工业出版社．2010.
[8]　厉玉鸣．化工仪表及自动化．第 3 版．北京：化学工业出版社，1999.
[9]　崔克清．安全工程大辞典．北京：化学工业出版社，1995.
[10]　李金龙，吕君，张浩．化工原理实验．哈尔滨：哈尔滨工程大学出版社，2012.
[11]　郭翠梨．化工原理实验．北京：高等教育出版社，2013.
[12]　包宗宏，武文良．化工计算与软件应用．北京：化学工业出版社，2013.
[13]　杨虎，马燮．化工原理实验．重庆：重庆大学出版社，2008.
[14]　史贤林，田恒水，张平．化工原理实验．上海：华东理工大学出版社，2005.
[15]　王艳花．化工基础实验．北京：化学工业出版社，2012.
[16]　田维亮．化工原理实验及单元仿真．北京：化学工业出版社，2015.
[17]　杨祖荣．化工原理实验．北京：化学工业出版社，2004.
[18]　熊杰明，李江保．化工流程模拟 Aspen Plus 实例教程．北京：化学工业出版社，2016.
[19]　林德杰．化工仪表及自动化．北京：机械工业出版社，2011.
[20]　熊杰明，李江保．化工流程模拟 Aspen Plus 实例教程．北京：化学工业出版社，2016.